本书系甘肃省高等学校人文社会科学重点研究基地西北少数民族宗教研究中心2018年度资助项目《神话与教化——论治水神话与礼乐制度》（项目编号：18F01）的阶段性研究成果。

治水神话与礼乐教化研究

马小龙 著

科学出版社
北京

内 容 简 介

本书通过对先秦文化典籍中的治水神话史料进行分析与总结，以治水大法“洪范九畴”为主要研究对象，将治水神话、宗庙祭祀、宗法制度、文教之功、政教大法连缀起来探讨上古时期洪水神话的学术主题，并对其进行综合性学术研究，重新审视治水神话背后的理性精神和神话与政治教化之间的关系，探讨东西方文明的起源与洪水神话的关联，论述上古时期人类社会由神治向人治这一伟大转变的历史意义。

本书可供历史学、文学等相关专业的研究者阅读和参考。

图书在版编目（CIP）数据

治水神话与礼乐教化研究 / 马小龙著. —北京：科学出版社，2021.3
ISBN 978-7-03-068330-4

Ⅰ. ①治… Ⅱ. ①马… Ⅲ. ①水利建设-水利史-研究-中国-古代 ②礼乐-文化研究-中国-古代 Ⅳ. ①TV-092②K892.9

中国版本图书馆 CIP 数据核字（2021）第 043843 号

责任编辑：任晓刚 / 责任校对：韩 杨
责任印制：张 伟 / 封面设计：润一文化

科 学 出 版 社 出版
北京东黄城根北街 16 号
邮政编码：100717
http://www.sciencep.com

北京中石油彩色印刷有限责任公司 印刷

科学出版社发行 各地新华书店经销

*

2021 年 3 月第 一 版 开本：720×1000 B5
2021 年 3 月第一次印刷 印张：12 1/4
字数：250 000

定价：88.00 元

（如有印装质量问题，我社负责调换）

目　录

绪　论

任何民族在文明兆盟时期都有属于自己独特的神话系统。探究一个民族文化传统、民族精神、文化心理、自然观念、哲学、宗教、文学、历史、民俗等举凡所有的文明载体都很难绕开神话。也正是因为这个原因，关于神话的研究和探索从一开始就应该是全方位、多角度、全景式的。神话研究者都渴求以自己的方式、视角、观点对这些上古遗存的文明载体给出尽可能合情而又合理的解释。

神话，顾名思义就是关于“神”或“神性人物”事迹的故事和传说。既然是神的故事，相应地就会产生一系列问题。首先，神是否真实存在的问题。神的存在，在文明肇始的先民心中无须证而明。由于无从征信，相应的也会产生几种不同类型的神。其一，为决然超乎人力，凌驾众生之上，存在于浩渺苍穹之上的神。其二，介乎人神之间亦人亦神、半人半神，进可羽化成神，退能敛迹为人，职掌沟通人神关系之神。其三，确乎为人，然其行迹功业泽被当代，惠及万世，是人中之圣贤，一朝辞世百姓即从心中坚信其人必然羽化而成仙成神。其次，神之行迹必不能由神自为宣传，须假人之口传播、敷衍、夸张、流布。因此在口耳相传、流布传播的过程中辗转附会，必然会加入许多莫须有之神迹和人迹，这就导致神话系统出奇的混乱。最后，因为是传说和故事，本来就莫可名状，没有人会太过较真。这就好比小说一样不必出于事实，天然戴有一顶“切勿对号入座”的全身远祸的桂冠。统治者因神话而省去很多力气，百姓信神自然相应的对政权有一定的亲切感和敬畏感，同时因为信神就没有太多的时间和精力去过问关心政治，何乐而不为呢？百姓只求有神可信，可以施福去灾，至于其他也不会多做计较。所以也无太多人对神话的真实性刨根问底、大惊小怪。

上古时期文明兆盟，百姓敬天畏地。每日面对之事无非衣食住行，关心之事不外婚丧稼穑，民风淳朴厚道。正所谓“天下之口有同嗜。”这是以神道设教的绝好的民间基础。《周易·观》云：“圣人以神道设教，而天下服矣。”[①]因此上古神话投其所好，施教化于神话之中。民国《佛山忠义乡志》中就写道：“明有礼乐，幽有鬼神。明不能治者，幽得而治之。固不爽也”。[②]说得非常清楚，看得见的地方用礼乐教化，看不见的地方就需要假手鬼神来教化。“神道设教”就是在这样的文化心理下产生的。它所取得的功效也是后世文教所无法比拟的，所费力气也要小很多，往往取得四两拨千斤的神妙效果。后世施教者往往假托神话，给予神话诸多改造、加工，把一己之学说托于百姓人人心中之神话英雄以增加其权威和可信度。这与先秦诸子竞相假托上古先王设教并无二致。实为“借神话之酒壶，浇教化之垒块。”“以神道设教”的基本观念通过民间信仰，成为传统政治制度中一个固定的组成部分。[③]以往将“圣人以神道设教”的教解释为宗教实为大谬。教者教化也。本意为古圣先贤以神话教化众生。神话最早见于历代文书，必须借人之口耳相传方能传播流布，同时因为教化在不同时代的不同需要，因此就会不断有人力求刻意为之、辗转附会，将时代的统治需求嵌套进神话故事中去。一些功勋卓著的英雄和领袖在传播过程中逐渐由人而演化为半人半神，进而为神；某些行业的祖师则摇身一变成为行业神，进而从专司一职之神而变得神乎其神、无所不能；由最初的地域限制而至神迹遍及天下乃至人神两界。神话突出的变异性一方面来自口耳相传中的增删敷衍；另一方面还来自古代政治人物的刻意为之。从这个意义上而言，神话真可谓是“任人打扮的小女孩”。想想周公当年为了打击殷顽而刻意编造的关于殷朝发源地宋国人的种种滑稽可笑事迹，就不难看出此种方法的显著效力和广泛影响。以至于我们现代人回味先秦时期的寓言故事都会产生这样的疑问，为什么所有滑稽可笑、荒唐愚蠢的事情都是宋国人干的，而这一切的幕后导演正是深谙传播之道的大圣人周公姬旦。

关于“圣人以神道设教”的说法，有的学者把它理解为儒学中宗教因素的政治意义。对此，杨庆堃先生有一段精彩的论述：

> 作为封建王朝基础理论的儒学，非常清楚地意识到了宗教因素的政治意义。广为引用的经典思想“以神道设教”就充分暗示了这种认识。

---

① 黄寿祺、张善文：《周易译注》，上海：上海古籍出版社，2001年，第173页。
② 冼宝榦：《(民国)佛山忠义乡志》卷8，湖南：岳麓书社，2017年，第304页。
③ 杨庆堃：《中国社会的信仰》修订版，范丽珠译，成都：四川人民出版社，2016年，第116页。

下面这段文字提供了详细的陈述，它是佛山城天后庙的碑文：

> 仲尼盛称鬼神之德，而后世拘儒奈或以其近于语怪，不复深论……窃意以为……夫天地，块然大物耳。所以辅相裁成其间者，鬼神也。然而都邑政令所及，有人道为之纪纲，则鬼神不必赫然昭著，唯不平而后见焉。……昔人有言曰：至治之世，其鬼不神，非不神也，赏罚公明，阳施阴伏……无所用其神也。
>
> ……当人道不能正常运行，当法律和政府制度不能维护治安和正义时，神道就会出现，担负起政治性的角色。这里，宗教在危难中支持了现行制度。假如有尽善尽美的政府就不需要神灵。但由于完美政府下的太平盛世难以求得，神灵也就成为政治现实中长久存在的一个部分。①

对于封建社会的统治者而言，当人道难以为继的时候，就必须借助神道的力量。社会的安全正义不可缺位，维护它的要么是朝廷，要么是鬼神。圣人与统治者都看到了神道的力量，不同之处在于统治者用它来加强威权，而圣人则用神话故事来对百姓施以教化。

我们还应该看到，以神话作为教化的手段，天然有一种其他文化样式所不具备的优势，即“无可征信也无须征信”。正如詹姆士·O.罗伯逊在《美国神话 美国现实》一书中所说：“没有经过任何逻辑分析和理性思考，我们就接受了许多意向、观点、行为模式、象征、英雄、故事、隐喻、类化和解释，简言之即神话——这一切是存在的，使我们和我们的世界符合逻辑，易于理解。”②神话以故事为载体，在讲述一个故事的同时，无形中向人们思想深处灌输了一种独特的信仰体系、行为模式和价值评判标准，这就是神话的深层结构。披上神话的外衣就等于高挂免战牌——不接受质疑。在这里不需要理性文明所倡导的思考、判断、推理、证明。人们应有的态度是下意识的接受并笃信之。

从这个意义上说神话是天然的教科书，因为无论你说什么总会有人相信，并努力地身体力行以求接近神话中的神格。如卡西勒在《国家之神话》中所说：“在人必须面临一个不寻常而危险的情形下，神话达到了它的完全的力量。”“在一切其他可以用比较简单的技术工具就能对付的情形下，人不必乞灵于魔术。只有当人遭遇一件似乎远超过他的自然能力的工作时，魔术

① 杨庆堃：《中国社会的信仰》修订版，范丽珠译，成都：四川人民出版社，2016年，第138—139页。

②（美）詹姆士·O.罗伯逊：《美国神话 美国现实》，贾东秀等译，北京：中国社会科学出版社，1990年，第422—423页。

才出现。但仍总留下了某一个范围不为魔术或神话所影响，而可以被描述为世俗的范围。在这范围内，人仰仗自己的技巧，而不靠魔术仪式和公式的力量。”也就是说在能力范畴内靠努力，超出了个人的能力范畴就只能寻求神话和魔术的精神寄托。“在一切不需要特别例外的努力和特别的勇气或忍耐的工作之中，我们找不到魔术和神话。但如在一个追求颇为危险，且其结果未可预料时，一个高度发展的魔术和与之连接的一套神话就会发生。”只要人生的遭际还有危险和意外存在，神话就永远有其生存的土壤。人类每遇困难总希冀有所攀附、有所寄托，此时对危险的恐惧战胜了理性思考，之前百验难得一真的怪、力、乱、神之事真假就在所不顾，关心的只是如何假手神力渡过难关。因此，神或者说神话的产生，绝不是肥皂泡吹破之后难以为继的真相大白，倒更像是在概念世界中的雪球，在人类历史长河中沿着时光隧道翻滚前行。雪球由最初的拳头大小沾染附着了太多相近相似的东西，越滚越圆、越滚越大；滚雪球的人也由最初的一个人发展到一个族群、一个部落、一个民族、一个国家……此时于后人而言，雪球中最初的合理内核是什么已经无人问津了，大家所要做的共同事情就是将对灾难的恐惧寄托在雪球上，希望能借助神的力量碾压一切无妄之灾，同时将这个雪球推滚到后继者的手中。即就是有几个好事之徒心有不甘，企图凿开雪球想要一探究竟，也已经难免于管中窥豹、以蠡测海的尴尬了。

中华民族从商周嬗递之际就进入了较为稳定的农业文明时代。农业文明最大的特点在于理性的思考取代了感性的投入，向自然索取生活资料变为向土地倾注汗水。这种转变绝不仅仅是生活、生产方式的转变，带来的文化心理的转变更为巨大和稳定。对偶然的期盼一变成为对必然的耕耘。对稳定生活资料的追求必然首先要转变百姓追求“守株待兔”的额外恩赐的“中奖心理”。这种文化心理的转化是整个民族由感性走向理性最艰难的过程。由此形成中华文化非常注重教化。所谓“建国君民，教学为先”，周朝更是“六经皆教”。受此影响，中国文化在“真、善、美”三种理想人格的追求中永远最关心“善”，特别是在三者发生抵牾的时候，“真”与“美”必须让步于善。善是讲道理、真是讲事实、美是讲标准，中国人眼中道理永远胜过事实和标准。流波所致，中国文学从一开始就情理并重，甚至牵情就理。就连“主情”的《诗经》也不免产生“发乎情，止乎礼义”的雅驯。谈到神话更不例外，从一开始它就是“圣人以神道设教”的产物。举凡中国的上古神话，讲故事都是其次，讲道理才是首要任务。在这个意义上的神话可以定义为：用神的故事讲述人的道理。加之汉字象形文字的多义性，没有时态，甚至多有省略，造成很多句子、成语可以有多种解释。比如“夔一足矣”和“皇帝四面”即为明证。如果仅看到这一点，就必然会得出中国神话系统混乱、无序、孤立、片面的结论。在没有充分了解中国神话是“圣人以神道设教”的产物这一特殊背景前提下，仅凭类型、模式的研究就以为握住了灵蛇之珠、抱准了荆山之玉，则难免挂一漏万之嫌。相反看懂了这一点，再去审视看似紊乱的神话系统，就会觉得中国上古神话杂而不乱，并无空言，总有一条带有浓厚“教化”意味的道理横亘其中。可以说中国神话的故事性、趣味性永远让渡于说理性。所以研究中国神话在对“文义”整体把握的前提下绝不能忽略文字、音韵、训诂等小学的研究。

需要特别指出，我们强调神话的教化意义并不是否认神话本身的神话学意义。中国上古神话一方面是人对自然界最原始的解释；另一方面也体现了商周以来中国人“万物有灵”的神话思想。究其根本体现了人类对大自然的敬畏之意，即所谓“存敬”的思想。在中国上古的神话系统中，举凡山川、河流、植物、人类等皆可为神，皆有神话。而神话的产生发展即是把神人化、把人神化的过程。同时神话的诞生也非一时一地。从中国的创世神话看，盘古开天、女娲补天、夸父逐日、后羿射日等自然创世神话与西方神话系统无异，当产生于第一阶段。商周嬗递之际当为第二阶段，此时中华文化进入理性时代，神话褪除部分神的色彩加入更多人类治世的理性思想。也就是说神话变成了用神的故事传递对百姓的教化。统治者用神话这种最简单的方式取得了最有效的教化目的。鲧禹治水、精卫填海、黄帝战蚩尤、刑天舞干戚、愚公移山等或表彰统治者经天纬地功业或凸显与自然斗争自强不息的精神的神话应当出于这一时期。而我们之所以选取“鲧禹治水”神话作为研究对象，主要基于以下几种考虑：（1）古今中西绝大多数人类文明的肇始发端都和洪水神话有极其密切的关系。（2）中国社会在三皇五帝时期逐渐开启了“神治”向“人治”转变的过程，帝王往往由一介凡夫因其丰功伟业被推上王位，其中尤为突出者当属大禹。（3）所谓“人治”实为“德治”，主要取决于帝王的德行，因此帝王往往身兼圣人的品格，大禹即是如此。（4）商周嬗递之际，中国进入理性的农业社会，农业文明离不开对江海湖泊的治理，鲧禹治水标志着中国人开始在适应自然、利用自然的基础上改造自然，象征意义不言而喻。（5）影响中国几千年文明实体的儒家思想所推崇的“德治”思想，以及由凡人—圣人—帝王—神的人生修习过程在大禹身上得到了完美体现。(6) 鲧治水的堰塞拥堵之法和大禹治水的疏浚导引之法对儒家“礼、乐制度”的形成产生重大影响。[①] (7) 鲧禹治水神话中“英雄受命、失败被杀、以子代父、神秘天启、治水功成、因功袭位”的故事模式与西方神话模式颇多相似之处，是做比较研究的最好范本。

而选择大家比较陌生的“洪范九畴”研究也是基于以下的几点考虑：(1)“洪范九畴”是大禹在治水遇到困难时的“天启大法”，源自“神授”。(2)“洪范九畴”名为“治水大法”，实为“治世大法”。(3)“洪范九畴”的治世思想对中国后世帝王治理国家产生重大影响，成为帝王秘不外宣的治世法宝。(4)“建国君民，教学为先”，从“洪范九畴”开始，“教化”就成了中国文化中帝王维护自己统治的最重要的手段。(5)“洪范九畴”记载，帝王决策之时，占筮和龟卜这种来自天意的昭示仅是作为参考，重要的是来自卿大夫和百姓的意见。这是神治走向人治的重要标志，也是对统治者权力的有效制衡。(6)“洪范九畴”中第一次提到了“五行”思想，不仅对先秦阴阳家产生深远影响，更为后世解释中国几千年朝代更迭的“五德终始之说”奠定了理论基础。(7) 中国文化中的“崇九”思想当源于“洪范九畴”。

近些年来对中国的洪水神话的探讨除了传统的文本、比较、考古、训诂、田野等方法之外，研究者往往又引入母题、类型、功能、原型等西方一度流行的概念、理论进行对比套用研究，试图探究中国神话中与西方神话中稳定的、不变的“类”或“型”的特征。更有论者在这些西方概念的基础上提炼出诸如“功能性母题”、“类型的原型化”等所谓的“后概念”，试图对中西神话的差异性和东西方神话迥异的研究方法进行调和。从整体性和系统论的角度而言这都是一些有益的尝试。但同时应该看到此类研究方法也有它显而易见的不足。首先，先验性地假设中国的神话与西方的神话既然都是神话，所描写的题材也不离人类的经验世界，那么两者之间一定有稳定地、不变地某种结构上的类型化的东西，所不同的只是文化背景的差异而已。不相信每一个神话都是孤立的、片面的，也忘记了中国神话系统与西方神话系统最大的区别就在于缺乏系统性、整体性、连贯性。其次，论者常常热衷于不同时代、不同民族同一类型神话故事的纵向比较研究，套用母题、类型、功能、原型等概念以论证“类”或“型”结论的正确性，却忽视了比较研究的对象本为同根之果，先后承继即所谓“类型”之说不待言而自明，容易让人

---

① 见本书附录一。

产生骑马找马的错觉。以洪水神话为例，后世各时代、各地域、各民族的洪水神话都能找到“鲧禹治水”神话的影子，很显然此类型的神话在产生、流布、变异的过程中都受到过后者的影响，与其研究从中抽象出不变的类型，不如将研究的重点回归到本初的文本中来。最后，过于强调神话的“怪、力、乱、神”的属性，将其视为“不雅驯”的卮言、寓言看待，缺乏将其置于农耕文明背景下的文献互证、比较的发微研究。正是因为上述的原因，本书才有了相应的研究价值。

本书在前人的研究基础之上，更侧重于对神话隐喻的探讨和发微，抓住“神话与教化”这一主线，在充分进行文本比较研究的基础上运用文字学、训诂学、阐释学、文本细读、比较研究等研究方法，吸收借鉴西方神话—语言学派、神话—仪式学派和精神分析及心理分析学派等神话学理论，尝试通过对“治水神话”与“洪范九畴”这一“民间—官方、神话—大法”线索进行解读，从中梳理得出中国上古神话中稳定不变的指向性与功能性的内涵——“教化”。需要特别说明的是本书所说的“隐喻”精神分析学说中的“象征”有一定的区别，正如邓迪斯对“象征解释的信徒”对洪水神话之象征内涵的批评那样：

> 对于民俗的象征研究，有赖于对民俗中想象多于事实的注意。……民俗象征研究中，最纠缠不清的问题是象征密码的解释。每个象征主义学派，皆声称自己掌握着一把，并且是惟一的一把正确钥匙，运用它能够迅速而高明地解开隐藏在密码中的秘密信息的含意。象征解释的信徒，(他们)大都倾向于将民俗研究看作心理学，而不是历史学。他们对于洪水滔天故事的解释，不是认为历史上真有这么一场大洪水，而是认为人类从洪水中得到再创造，是对人类生殖过程的一种象征，初生儿生下来时，也是从胎膜中的羊水中获得解救的。[①]

也正是看到了这一点，本书关注的重点是神话的文化隐喻而非象征。

①（美）阿兰·邓迪斯：《世界民俗学》，陈建宪、彭海斌译，上海：上海文艺出版社，1990年，第80页。

第一章　治水神话与上古文明

第一节　治水神话的典籍反映

中文中的“神话”与英文中的myth意义几乎等同。“神”即“神圣”的意思；“话”含有言语、故事、传说、口头叙事的意思。因此，所谓的“神话”，顾名思义就是关于神的故事和口头叙事。从世界各地的文本来看，神话涉及范围很广。神话中的神大体可分为造物神、主宰神、自然神、人物神、动植物神等几类。神话的范围则关涉创世造人、饮食起居、自然灾害、生殖方式、族群斗争、性别冲突、生存之道、权利博弈、秩序重建等。在讨论神话之初先要厘清神话与传说的边界。这一点英国学者白安妮（Anne Birrell）已经做了很好的尝试，她认为：“我们更需要在神话与传说（legend）之间进行区分，虽然传说一词很难定义。生平、地理资料、圣人纪传性特征、魔法、秘密符号、言语和文献，以及神奇转变和类似事件如果被归在半历史、历史或者想象性人物名下，这些文本中就无疑体现着传说。当这些事件被附会给早期文本传统中的神话人物时，这就被称为‘神话创作’（mythopoeia），或是哲学流派或文学类型的一种后来的巧妙创作”[①]。

在众多神话故事中，与人类文明起源关系最为密切的恐怕就是洪水神话了。举凡中西各民族、国家在发源肇始之初都有一套属于自己的洪水神话系统。在希腊、北欧、印度等许多世界上的古老民族中，洪水神话甚至演变成了本民族的英雄史诗。“据巴比伦史诗记载，最初众神是从一个无形而满是

① （美）梅维恒：《哥伦比亚中国文学史》上卷，马小悟、张治、刘文楠译，北京：新星出版社，2016年，第62页。

水的荒地——它本身便是神圣的物质——中，成双成对地浮现出来。”[①]在古巴比伦人的神话中没有从无中生有的创世概念。这与上帝创世之说大相径庭。

> 在众神与人类存在以前，这个神圣的物质就已经永恒存在了。巴比伦人开始想象这个最初神圣的物质时，他们认为它一定类似美索不达米亚平原上的沼泽荒地，经年不断地洪水似乎时时刻刻威胁要毁掉人类脆弱的文明。……随着神灵逐步演进，新的神祇一个接一个成对出现，每一对神祇都比前一对要更确切定形。最初出现的是拉姆神（Lahmu）和拉罕姆神（Lahamn），他们的名字意思是“淤泥”：因为水与泥土仍混在一起。接下来出现的是安歇尔神（Ansher）和其沙尔神（Kishar），分别代表天空和海洋的领域。然后是亚奴神（Anu，天）与依亚神（Ea，地）的到来，至此便完成了演进的过程。神灵的世界于是有了天空、河流和大地，彼此泾渭分明地区隔开来。[②]

> 我们应该如何解释世界各地相距遥远的、拥有不同信仰与习俗的人种之间大量的惊人相似之处？这些相似是由于习俗和信仰在不同民族间的传播而产生的，还是由于直接的接触或中介民族的作用而产生的呢？或者，是因为人类心灵在类似条件下的相似运作机制而在不同民族中独立催生的呢？……所有的经验和所有的可能性都支持这样的结论：即两方面的原因都起到了广泛的作用，都强有力地催生了我们在人类不同种族之间已经察觉到的习俗和信仰方面的相似性。换句话说，这些相似性有许多应该用民族之间的文化传播来解释，并多少补充一些观点上的修饰，还有许多的相似性应该用人类心灵活动应对类似环境条件时独立产生的观点来解释。……
>
> 认可传播论与独立发生说的两种原则在特定的限度以内都是真实有效的，这个总的结论在洪水传说的具体研究之中得到了证实，因为大洪水的传说在地球上广泛地分布在相距遥远的不同地区的不同民族之中，这一点是确定无疑的。[③]

与西方的洪水神话相比，中国的“鲧禹治水”神话有很大不同。古代中国的洪水神话必须要放置在农业文明的背景下进行考量，农业对中国古代而言举足轻重。因此邓云特才会说：“可以说，中国历史上没有任何一个有影

① （英）凯伦·阿姆斯特朗：《神的历史》，蔡昌雄译，海口：海南出版社，2013 年，第 14 页。
② （英）凯伦·阿姆斯特朗：《神的历史》，蔡昌雄译，海口：海南出版社，2013 年，第 14—15 页。
③ （英）詹姆斯·乔治·弗雷泽：《〈旧约〉中的民间传说——宗教、神话和律法的比较研究》，叶舒宪、户晓辉译，西安：陕西师范大学出版总社有限公司，2012 年，第 57 页。

响力的政治性宗教动乱与大范围农业灾难毫无关系。”[①]“中国的洪水神话与流行于西方的同类神话不同，湮没陆地的大水是一种原始状态的水，它首先阻碍了农业生产。由于洪水不退，需要一位英雄的工作来改变这种状态。大禹治水的故事成为有关中国社会的创造的神话，它既非关于惩罚罪恶的神话，也不是（神）试图毁灭人类的神话”[②]。华夏民族有治水的华彩乐章，却没有洪水毁灭人类和人类再造的主题，这一点与西方洪水神话和我国一些少数民族流传下来的洪水神话多有不同。洪水神话在中国文化中也有着举足轻重的地位，许多研究者就将洪水神话作为中国历史的起点。例如，丁山先生在《古代神话与民族》一书中就认为《尚书》把《尧典》放在首篇，实际就是要以洪水神话为国史起点。而关于大禹的治水之功治世伟业在先秦文献中多有称颂，从《尚书·尧典》《尚书·洪范》开始，几乎所有典籍都有记述与称赞，这在中国文化史上实属罕见。摘引如下：

禹疏九河，瀹济漯，而注诸海；决汝、汉，排淮、泗，而注之江。（《孟子·滕文公上》）

禹湮洪水，决江、河而通四夷九州也，名山三百，支川三千，小者无数。（《庄子·天下篇》）

禹疏河决江，为彭蠡之障，干东土，所活者千八百国。（《吕氏春秋·吕览·爱类篇》）

美哉禹功！明德远矣！微禹，吾其鱼乎！（《左传·昭公元年》）

九州攸同，四隩既宅；九山刊旅，九川涤源，九泽既陂，四海会同。（《尚书·禹贡》）

丰水东注，维禹之绩。（《诗经·大雅·文王有声》）

奕奕梁山，维禹甸之。（《诗经·大雅·韩奕》）

信彼南山，维禹甸之。（《诗经·大雅·信南山》）

洪水芒芒，禹敷下土方。（《诗经·商颂·长发》）

天命多辟，设都于禹之绩。（《诗经·商颂·殷武》）

禹平水土，主名山川。（《尚书·周书·吕刑》）

披九山，通九泽，决九河，定九州。（《史记·五帝本纪》）

芒芒禹迹，画为九州，经启九道。（《左传·襄公四年》）

禹合诸侯于涂山，执玉帛者万国。（《左传·哀公七年》）

① 邓云特：《中国救荒史》，上海：商务印书馆，1937年，第58—133页。
② 转引自叶舒宪：《中国神话哲学》，西安：陕西人民出版社，2005年，第339页。

《虞人之箴》曰："'芒芒禹迹，画为九州，经启九道。民有寝庙，兽有茂草，各有攸处，德用不扰。在帝夷羿，冒于原兽，忘其国恤，而思其麀牡。武不可重，用不恢于夏家。兽臣司原，敢告仆夫。'《虞箴》如是，可不惩乎？"(《左传·襄公四年》)

禹攻三苗，而东夷之民不起。(《战国策·魏策》)

今文子文孙孺子王矣！其勿误于庶狱，惟有司之牧夫，其克诘戎兵，以陟禹之迹。(《周书·立政》)

虩虩成唐，有严在帝所，敷受天命，剪伐夏嗣，败厥灵师，伊小臣唯辅。咸有九州，处禹之都。(《叔夷钟铭》)

秦公曰：丕显朕皇祖，受天命，鼏宅禹迹。(《秦公簋》)

禹乃遂与益、后稷奉帝命，命诸侯百姓兴人徒以傅土，行山表木，定高山大川。禹伤先人父鲧功之不成受诛，乃劳身焦思，居外十三年，过家门不敢入。薄衣食，致孝于鬼神。卑宫室，致费于沟淢。陆行乘车，水行乘船，泥行乘橇，山行乘车。左准绳，右规矩，载四时，以开九州，通九道，陂九泽，度九山。令益予众庶稻，可种卑湿。命后稷予众庶难得之食。食少，调有余相给，以均诸侯。禹乃行相地宜所有以贡，及山川之便利。(《史记·夏本纪》)

《尧典》上有"汤汤洪水方割，荡荡怀山襄陵，浩浩滔天，下民其咨"。清初学者王夫之解释说《尧典》所谓："洪水方割"者，大抵河水为害也。龙门未凿，河之上流壅滞于冀、雍之域，九河未宣，河之下流弥漫于兖、豫之野，而兖、豫之患为尤甚。盖河自出太行而东，南北两崖，平衍沙壤，水无定居，随所奔注，辄成巨流。故禹既治壶口，分播九河，则水患息。孟子亦以"疏九河，瀹济、漯"为首功者，此之谓也。(《书经稗疏》)

梳理以上典籍文献，我们可以将大禹的功业简单概括为"治洪水、讨共工、伐三苗、杀防风、通九州"。真可谓是赫赫功业，彪炳千秋。甚至有人认为夏朝之名"夏"也源自大禹的治水之功。"夏之国号因其'南面朝天下'之'下'而得名。原因是建立夏朝的先越之民来自'帝之夏都'，也是泄洪的地方。为了纪念祖先的家乡，故名之'下（夏）'。"[①]这与我们惯常认为的"夏"通"雅"的说法相去甚远。更有甚者，还有学者认为大禹是中华

① 黄懿陆：《〈山海经考古〉：夏朝起源与先越文化研究》，北京：民族出版社，2007年，第196页。

文明的土地之神、农耕之祖。《淮南子·氾论》云："禹劳天下，死而为社。"[①]大禹为民奔波，积劳成疾，死后变成了土地神接受百姓的祭祀。"禹之所以又名高密，据闻一多说，乃是由于古代的社又名高禖，所以社神禹才又叫高密，高密实为高禖的音转"[②]，而中国几千年的祭祀文化也始于大禹。《史记·封禅书》曰："自禹兴而修社祀，后稷稼穑，故有稷祠，郊社所从来尚矣。"[③]

看看上述大禹的丰功伟业就知道，只有周公、孔子这样的圣人勉强可以比肩。但是我们发现战国之前的史籍对大禹的功业极尽溢美夸张之辞，而到了战国中期以后，大禹的影响力和功业却大大缩水。除了治水之功，文史作品中对他的功业多无称颂。究其原因，这种贬损大禹功绩的实际上始自儒墨之争。因墨子为了自神其教，以禹作为自己学派的先祖，而儒家的亚圣孟子又极力反对墨家，称之为"无君无父"的"禽兽"之徒。在复古大潮中，孟子为了在时间的久远性上使儒家超越墨家所宣称的先祖大禹，所以孟子言必称尧舜，但大禹的功业人所共知，孟子也不忍心去刻意编造抹黑大禹，只能是三缄其口，不置臧否，闭口不谈大禹治水之外的丰功伟业。这个在孔子口中"吾无间然"的大禹，因儒墨之争到孟子以后就被后世儒家遗忘了。即使被提起也只是语焉不详的称颂其治水之功。至于其经天纬地、教化先民的农耕文治之功都付之阙如。将农耕之功上溯归于炎帝或者后稷，将文治之功下拉归于孔子，抹杀了大禹的功业。看看下面这段材料："禹、稷当平世，三过其门而不入，孔子贤之。颜子……。孟子曰：'禹、稷、颜回同道。禹思天下有溺者，由己溺之也；稷思天下有饥者，由己饥之也。'"[④]颜子的崇高品格和境界我们不敢置喙，但他仅仅是儒家系统中的一位贤者而已，毫无任何现实功业可言，作为道德的楷模完全可以接受后人的膜拜，但相较于大禹的内圣外王的事功而言，毕竟不可同日而语。可到了孟子笔下，这位建立经天纬地不朽功业的大禹，由帝王、圣人却蜕化成一个仅仅有着推己及人善心的普通贤者，而被用来比附颜回，实在太过委屈。

通过对先秦文化典籍的梳理裁掇，我们知道大禹的功业绝不仅仅是治水之功，他实际上是中华文明的文教之祖和农耕之祖。

---

① 刘文典：《淮南洪烈集解》，冯逸、乔华点校，北京：中华书局，1989年，第460页。
② 吕微：《神话何为——神圣叙事的传承与阐释》，北京：社会科学文献出版社，2001年，第271页。
③（汉）司马迁：《史记》，北京：中华书局，1959年，第1357页。
④ 杨伯峻：《孟子译注》卷八《离娄下》，北京：中华书局，1960年，第199页。

第二节　治水神话的文明土壤

世界各地的古文明都与洪水神话息息相关。以古巴比伦的大洪水故事为例，我们可以看到：

> 在诸神会议上通过了由恩利尔神提议的一项决定——用一场暴风雨来毁灭人类。……这时，恩利尔对人类的暴怒已经消退，他对祖苏都的祈祷回复了如下的话："我赐予他像一位神那样的生命。""我为他造一个像神那样永久的灵魂。"这话意味着洪水传说的主人公，苏美尔的挪亚，即便没有神性的话，也获得了永生的命运。不仅如此，他还获得了"人类种子的保存者"这个雅号。[①]
>
> 从主要特征来看，苏美尔的洪水传说异文与保留在《吉尔伽美什》史诗中的更长也更详细的洪水异文相吻合。二者之中都有一位大神（恩利尔或贝尔）决定用大雨淹没大地的方式毁灭人类，也都有另一位神（恩基或埃阿）对一个凡人发出了灾难降临的警告。那人接受劝告，在一只船中获救。二者都说洪水持续了七天，水退之际主人公都献上牺牲，并最终被升为神籍。唯一的实质性差别在于主人公的名字，他在苏美尔人的异文中叫祖苏都，在闪米特人的异文中叫乌特那庇什提牟或阿特拉哈什斯。[②]

这是流传甚广的洪水神话故事，在不同的文明体系中，故事梗概略有不同，但基本的情节和对洪水产生原因的交代几乎完全相同。

如果我们深入探求中国的治水神话和西方的洪水神话差异的深层文化原因。首先，我们就会发现西方的洪水神话强调洪水是上帝对人类的惩罚，潜台词是人类带有"原罪"，本着有因必有果、有罪必有罚的原则，上帝对人类的惩罚完全是人类咎由自取、自作自受的结果，接受惩罚是人类的宿命，无可逃遁，只能认命。其次，洪水是上帝所造专为毁灭人类，是灭绝人类的工具和手段，作用是完全负面的不存在被人类利用、改造，进而造福人类的可能。再次，通过神力对罪孽深重的人类完成一次生命洗礼，剔除绝大部分不合格者，留下其中极少的一部分品性纯良的人作为人种以备再造；这里的

---

① （英）詹姆斯·乔治·弗雷泽：《〈旧约〉中的民间传说——宗教、神话和律法的比较研究》，叶舒宪、户晓辉译，西安：陕西师范大学出版总社有限公司，2012 年，第 68—69 页。

② （英）詹姆斯·乔治·弗雷泽：《〈旧约〉中的民间传说——宗教、神话和律法的比较研究》，叶舒宪、户晓辉译，西安：陕西师范大学出版总社有限公司，2012 年，第 69 页。

潜台词是人类无法通过自身的努力来净化自身、洗涤罪恶，必须假手神力才能完成自我救赎；或者说神不相信人会变好，只能通过这种釜底抽薪的方式将人类与罪恶一起埋葬。上帝所认同的一个前提是：人性本恶，无从改好。然后，在整个洪水神话中，上帝是站在人类的对立面的。知道这个答案就足以让人类绝望，在一个无比强大的对手面前人类是没有任何胜算的。最后，在整个洪水神话中自始至终我们看到的是神的影子、力量、判断、情绪，人在其中微小到几乎看不到的地步，只能是认命、顺从、惊怖、感恩。在这里更多的表现的是上帝插手人间事务，人完全是上帝的奴仆，任由其摆布，毫无自主性可言。综上，西方治水神话更多的是在书写神的意志。与之相反，中国的治水神话则多有不同。首先，它强调的是一个“治”字，这就把人的力量凸显到了和神相当的地步，否则神创造的洪水又岂是人力所能改变和治理的？人的尊严和力量被提到了一个极高的位置，“人定可以胜天”。其次，没有交代洪水为天帝所造，洪水产生的原因也不清楚，是为了毁灭人类还是为了考验人类都无从得知，这就给人理解洪水神话以很大的空间，洪水只是一种自然灾害，与神力无关，至少人没有原罪，无须背负沉重的心理负担活着。再次，治水神话中彰显的是人如何战胜私欲：杀父之仇、妻儿牵挂、安逸生活、因循守旧，为了社稷苍生劳苦卓绝、自信不已、自强不息战胜灾难的拼搏奋斗精神，故事中我们看到的是人性不断趋于完善的力量，人一步步变成了自己的主人。然后，在整个治水神话中，天帝是站在人类这一面的，通过天启大法帮助人类渡过难关。知道这个答案就会让你永怀希望。最后，在治水神话中自始至终我们看到的是人的努力、人的克制、人的勤勉、人的力量，天帝只是作为一个小插曲而出现，还是以正面形象出现，丝毫看不到神的力量，就是他想干涉人间之事，也不会亲自操刀，而要费很大的力量通过神秘天启让圣人或人间的代管者帝王帮他完成。也就是说故事表彰的是“人力”而非“神力”。同时可以看到天帝严守规矩，绝不越俎代庖，人间之事由人完成。人是自己的主人，和天帝并无控制与被控制的主仆关系。

通过以上对中西洪水神话的比较可以看出，虽然东西方文明都起源于洪水神话，但其中的差异性还是非常大的，甚至可以说属于完全不同的两个文化系统。洪水的规模在中西传说中也截然不同。“东亚伟大的文明民族即汉族和大和民族在其卷帙浩繁的古文献中没有保留一则我们讨论的这种本土的大洪水传说，也就是关于一场据说毁灭了整个或大多数人类的全球性洪水传说。”[①]我们试图通过对先秦文化典籍中治水神话的记载的分析，尝试去解读各类大同小异的关于“鲧禹治水”神话记述中所透露出的中华民族特殊的文明土壤中所滋养的文化因子。而要想深刻解读治水神话离不开对这些文明符号的解读。因此我们选取其中最具典型性的农业文明、水患之灾、昆仑之山、以水喻道四个方面进行详细论述。

（一）农业文明

中国进入周王朝即成为理性的农业民族。国家绝大多数人口为农民，而农民大多数时间消耗在耕耘土地上。《国语·周语上》载：“夫民之大事在农……三时务农而一时讲武。”[②]这一引语说的就是这个意思。因此，农业为立国之基、治乱之本。《管子·治国》载：“凡治国之道，必先富民，民富则易治也，民贫则难治也。奚以知其然也？民富则安乡重家；安乡重家，则敬上畏罪；敬上畏罪，则易治也。民贫则危乡轻家，危乡轻家，则敢陵上犯禁；陵上犯禁，则难治也。故治国常富而乱国常贫，是以善为国者，必先富民，然后治之。”[③]建国君民，教学为先。如果不能富民教民，必然出现穷极无聊，逃亡山林，转为盗贼，甚至揭竿而起的情况。也就是说统治者要维护自己的统治最基本的就是要用土地牢牢拴住农民，不能让占国家人口大多数的农民离开土地转而另寻出路。但由于上古时期农业技术水平低下，加之天灾人祸不断，这就造成“士农工商”四民之中，农民生活最为艰苦。加之受汉武帝以来帝王之家的“推恩令”的影响，中国延续上千年的遗产继承制度“以诸子均分为主”，这就使得即使祖上是坐拥良田千顷的大地主，一传再传之后，土地也会呈几何级数减少，直至被瓜分殆尽，最终变为贫农。而农业国家的国库租税又以农田赋税为主，因此，农业成了中国经济链条上最重要、最庞大也是最辛苦的一环，所有这些压力最后全都被层层压在了农民身上。饱受苛捐杂税和自然灾害双重压迫的农民的生活就真如《诗经·七月》所述，辛苦终年，难得温饱。又如晁错在《论贵粟疏》中所言：“春不得避风尘，夏不得避暑热，秋不得避阴雨，冬不得避寒冻，四时之间，亡日休息。又私自送往迎来，吊死问疾，养孤长幼在其中。勤苦如此，尚复被水旱之灾，急政暴赋，赋敛不时，朝令而暮改。当具，有者，半贾而卖；亡者，取倍称之息，于是有卖田宅、鬻子孙以偿责者矣。”这种丰年仅得免其死、

① （英）詹姆斯·乔治·弗雷泽：《〈旧约〉中的民间传说——宗教、神话和律法的比较研究》，叶舒宪、户晓辉译，西安：陕西师范大学出版总社有限公司，2012年，第146页。
② 黄永堂：《国语全译》，贵阳：贵州人民出版社，1995年，第17—18页。
③ 刘柯、李克和：《管子译注》，哈尔滨：黑龙江人民出版社，2003年，第313页。

灾年卖妻鬻子的悲惨境遇读一读马柳泉的《卖子叹》当有催人泪下、刻骨铭心的感受。司马光也曾谈及："农民值丰岁，贱输其所收之粟以输官，比常岁之价或三分减二，于斗斛之数或十分加一，以求售于人。若值凶年，无谷可粜，吏责其钱（田赋）不已，欲卖田则家家卖田，欲卖屋则家家卖屋，欲卖牛则家家卖牛。无田可售，不免伐桑枣，撤屋材，卖其薪，或杀牛卖肉，得钱以输官。一年如此，明年将何以为生乎？"土地对于中国古代农民而言重要性一至于斯。百姓的生计、国家的治乱无不系于土地。社稷的稳定、国家的安危首推农业，农业兴则国兴、农业衰则国亡。治水神话中所一再强调的"纬地""理水"的精神，无不透出渴求良好的农业发展环境的愿望。

然而，对于统治者而言，农业的功用却不仅仅为国家生产粮食，还有另一层意思，那就是要用土地牢牢地拴住百姓，耗尽他们的精力，使其无暇顾及政治统治。下面的引文就交代了帝王不为人言的奥妙：

> 古先圣王之所以导其民者，先务于农。民农非徒为地利也，贵其志也。民农则朴，朴则易用，易用则边境安，主位尊。民农则重，重则少私义，少私义则公法立，力专一。民农则其产复，其产复则重徙，重徙则死处而无二虑。舍本而事末则不令，不令则不可以守，不可以战。民舍本而事末则其产约，其产约则轻迁徙，轻迁徙，则国家有患，皆有远志，无有居心。民舍本而事末则好智，好智则多诈，多诈则巧法令，以是为非，以非为是。①

说好听是"以土地养其志"，其实就是用土地拴牢农民，不让他们周游迁徙，以免见多识广以后心思太多难于管理。理解了土地对于百姓生计、社稷安危、国家治乱的重要作用，也就明白了中国社会几千年来重农抑商的根本原因。周人取商人而代之的一条重要经验就是，周人没有离开自己的土地，去从事游走于各部落之间的商业交换活动。他们认为农民一旦失去对土地的感情，迟早会演变为无所事事的游民、流民，就会成为社会上最不安定的因素。对于这一无所凭依，又无惧失去的庞大群体，一旦时机成熟，他们终会走向统治者的对立面。关于这一点看看《水浒传》中好汉们的落草经历就知道了。所谓的农民起义之说根本无从成立，梁山好汉中真正算得上"面朝黄土背朝天""土里刨食"的农民一个也没有。阮氏三雄和解珍、解宝兄弟差强可以算作广义的农民。在梁山好汉中大多数人是属于像李逵这样的无

① 陈奇猷：《吕氏春秋校释》，上海：学林出版社，1984年，第1710页。

业“游民”。正所谓“有恒产者有恒心”，游民是典型的无恒产者，失去了赖以生存的土地，让他们何来“恒心”。所以一直以来在中国，土地问题直接关系着国家的治乱安危。

（二）水患之灾

农业民族土地至上，土地是百姓生产生活资料的唯一来源，而对土地破坏最严重的莫过于洪水，一旦发生洪水之祸，冲毁田地等于断了百姓的粮道。面对旱灾，还可以引渠灌溉、挑水自救，而洪水往往带来的是雷霆万钧、连根拔起的痛，问题的严重性不言而喻。加之洪水波及范围之广、持续时间之长、破坏力之强罕有其匹，因此洪水首当其冲成了农业民族天灾中最让人恐惧的灾害。因为洪水是首祸，相应的治水就是任何帝王必须面对的首要大事。一旦治水成功则必为首功，治水之人必然受到百姓的爱戴与敬仰，大禹就是最好的例证。多年与洪水的斗争经验让中国人看到水可为利，亦可为害，如何变害为利才是治水问题的症结所在。

人类文明的发源总是依傍着一条滔滔大河，古埃及、古巴比伦、古印度无一例外，农业民族更是如此。它既给人类带来沃野千里的良田，又给人类带来了冲堤毁坝、淹没家园的恐惧，如何趋水利、避水害实在是一个千古难题。因此历朝历代都有不少关于“治水”之术的讨论。

关于治水，明代的徐贞明曾一语中的的说道：“水害未除，正由水利未兴也。”[①]古人也早就意识到水之为利为害不单取决于天时、地理，更在人力。统治者如能早做打算提前修筑水利工程，引水灌田水之为利不言而喻。相反如果对治水不予重视，一味推诿于天祸放任自流则必然为祸人间。更有甚者在乱世大争之年，战争频仍，决河泄水以为水攻之利器，对历代积淀的水利工程产生莫大的破坏作用，贻害子孙、为祸无穷。这种破坏大致分为两种情况。

第一，战国时期各国不顾他国的利益竞相筑堤引水以亏人自利。汉代贾让在《治河三策》中说：

> 盖堤防之作，近起战国，雍防百川，各以自利。齐与赵、魏，以河为竟。赵、魏濒山，齐地卑下，作堤去河二十五里。河水东抵齐堤，则西泛赵、魏，赵、魏亦为堤去河二十五里。虽非其正，水尚有所游荡。时至而去，则填淤肥美，民耕田之。或久无害，稍筑室宅，遂成聚落。

① （明）张廷玉等：《明史》，北京：中华书局，1974 年，第 5882 页。

大水时至漂没，则更起堤防以自救，稍去其城郭，排水泽而居之，湛溺自其宜也。今堤防狭者去水数百步，远者数里。①

第二，列国战争以决河泄水为水战利器，对河床堤岸产生极大破坏。仅在《史记》中关于决河水战的例子就不在少数：

《史记·赵世家》载：

(知伯、韩、魏)三国攻晋阳，岁余，引汾水灌其城，城不浸者三版。城中悬釜而炊，易子而食。②

《史记·秦始皇本纪》载：

(秦王政)二十二年，王贲攻魏，引河沟灌大梁，大梁城坏，其王请降，尽取其地。③

《史记·赵世家》载：

(赵肃侯)十八年，齐魏伐我(赵)，我(赵)决河水灌之。④

《史记·赵世家》载：

(赵惠文王)十八年，秦拔我(赵)石城，王再之卫东阳，决河水，伐魏氏。大潦，漳水出。⑤

列国之间只追求战争结果的胜负，其他一切盖可不论，又遑及沟渠水流之事，但可以想见对历年积淀下来的农业民族赖以生长绵延的水利工程产生了何其巨大的破坏。

徐贞明在《潞水客谈》中接着谈论水利之术不在天时而在人力。

夫雨旸在天，而时其蓄泄，以待旱潦者，人也。乃西北之地，旱则赤地千里，潦则洪流万顷。惟寄命于天，以幸其雨旸时若。……昔禹播河注海，而沟洫之修尤尽力焉，固以利民，亦以分杀支流，而不以助河之虐。……周定王以后沟洫渐废，而河患种种矣。今河自关中以入中原，泾、渭、漆、沮、汾、伊、洛、浐、涧，及丹、沁诸川，数千里之水，当夏秋霖潦之时，诸川所经无一沟一浍可以停注，旷野横流尽入诸川，其势即盛，诸川又会入于河流，则河流安得不盛。流盛则其性自悍急，性悍则迁徙自不常，固势所必至也。今诚自沿河诸郡邑，访求古人故渠废堰，师其意，不泥其迹，疏为沟浍，引纳支流，使霖潦不致泛滥

①(汉)班固:《汉书》，北京：中华书局，1962年，第1692页。
②(汉)司马迁:《史记》，北京：中华书局，1959年，第1795页。
③(汉)司马迁:《史记》，北京：中华书局，1959年，第234页。
④(汉)司马迁:《史记》，北京：中华书局，1959年，第1803页。
⑤(汉)司马迁:《史记》，北京：中华书局，1959年，第1820页。

于诸川，则并河居民得利水成田，而河流渐杀，河患可弭矣。[①]

只有分流引渠，才能变废为宝、资水成田。刘献廷也在《广阳杂记》卷四中说：

> 北方为二帝三王之旧都，二千余年，未闻仰给于东南。何则？沟洫通而水利修也。自五胡云扰迄金元，沦于夷狄者千有余年，人皆草草偷生，不暇远虑，相习成风，不知水利为何事。故西北非无水也，有水而不能用也。不为民利，乃为民害。旱则赤地千里，潦则漂没民居，无地可潴而无道可行。人固无如水何，水亦无如人何矣。……予谓有圣人出，经理天下，必自西北水利始，水利兴而后天下可平，外患可息，而教化可兴矣。

中国地势从古至今都是西北高东南低，治水必先溯源，水治才能言太平，天下太平才可以谈教化。所以说："经理天下，必自西北水利始，水利兴而后天下可平，外患可息，而教化可兴矣！"水利兴方能天下平、洪水治方能教化兴。洪水在中国文化中的功用可谓大矣！

通过大禹治水，河清海晏、天下太平。"干东土，所活者千八百国。"[②]"九州干，万民皆宁其性。"[③]洪水退去，百姓躁动不安的情绪也得以安定，恢复了往日安宁祥和的场景。作为英雄的大禹，其威望更是如日中天，在接受了舜的禅位以后，大多数部族摄于大禹的功业纷纷臣服，像东夷、有莘氏等。《墨子·节葬下》曰："禹东教乎九夷。"[④]而一些或阳奉阴违或公然反抗的部族也在大禹的强力镇压下偃旗息鼓、具表称臣。比如三苗、扶风氏。《尚书·大禹谟》云："帝曰：'咨，禹！惟时有苗弗率，汝徂征。'……七旬，有苗格。"[⑤]《墨子·兼爱下》云："且不惟《泰誓》为然，虽《禹誓》即亦犹是也。禹曰：'济济有众，咸听朕言：非惟小子，敢行称乱，蠢兹有苗，用天之罚，若予既率尔群对诸群，以征有苗。'"[⑥]通过功业感召、怀柔羁縻、武力征伐等不同的方法，大禹逐渐统一了各个部族，加强了以前一盘散沙、各自为政的各部族之间的融合与交流，在中原地区初步形成了以华夏民族为中心，其他各氏族拱卫中原的一个广大的族群联合体。在统一部族、加强集权的道路上大禹显然比尧、舜走得更远，这为后来中华文明的形成、

① （明）陈子龙等：《明经世文编·徐尚宝集·西北水利议》，北京：中华书局，1962年，第4309—4310页。
② （秦）吕不韦著、高诱注：《吕氏春秋》，上海：上海古籍出版社，1989年，第116页。
③ 何宁：《淮南子集释》，北京：中华书局，1998年，第579页。
④ 辛志凤、蒋玉斌：《墨子译注》，哈尔滨：黑龙江人民出版社，2003年，第140页。
⑤ 何新：《大政宪典·〈尚书〉新考》，北京：中国民主法制出版社，2008年，第65—66页。
⑥ 辛志凤、蒋玉斌：《墨子译注》，哈尔滨：黑龙江人民出版社，2003年，第100页。

夏朝的建立奠定了坚实的基础。正如摩尔根在《古代社会》中所说："合并作用是一种更高的过程，能将诸部落在一个共同地域内联合起来。部落联盟是与民族最近似的东西。"中华民族大一统的雏形到大禹手中已经基本形成。难怪司马迁称赞大禹"诸夏艾安，功施于三代。"[①]

（三）昆仑之山

在神话故事中，"山"的寓意远超其本来意义。它可以隐射困难（如愚公移山中的王屋、太行），也可作为震慑江海湖泊中兴风作浪的妖魔鬼怪之用，还可以是沟通天界和人间的天堑通衢。中国上古神话和治水神话中有一座山出现的频率极高，那就是昆仑山。

《淮南子·地形训》载：

> 禹乃以息土填洪水，以为名山，掘昆仑虚以地下，中有增城九重…昆仑之丘，或上倍之，是谓凉风之山，登之而不死。或上倍之，是谓悬圃，登之乃灵，能使风雨。或上倍之，乃维上天，登之乃神，是谓太帝之居。[②]

按照《淮南子·地形训》的说法，昆仑山这座海内名山是大禹治水的产物，同时也是沟通大地与天庭的名山，既是登上天宇之天梯，也是神仙居住的府第。《山海经·海内西经》云："海内昆仑之虚，在西北，帝之下都。昆仑之虚，方八百里，高万仞。"[③]又《山海经·西次三经》云："西南四百里，昆仑之丘，是实惟帝之下都，神陆吾司之。"[④]又《艺文类聚》卷七引《葛仙公传》载："昆仑一曰玄圃，一曰积石瑶房，一曰阆风台，一曰华盖，一曰天柱，皆仙人所居也"。传说中众多仙人居住的昆仑山在什么地方，现在已经成了学术史上的一桩悬案。吕微先生在《神话何为》中指出："昆仑，最早并不专门指一座具体的山，这一点，早在汉代就有人指出过。《尔雅》的作者曾说：'三成（层）为昆仑丘。'清代学者毕沅在注《山海经·海内南经》'昆仑虚在其东，虚四方'时则更明确地说：'昆仑者，高山皆得名之'，这就提出了我们应从语义阐释学入手，确立考察昆仑神话潜在象征含义的新角度。"[⑤]进而他提出了探索昆仑语义方面值得注意的三种象征含义：（1）昆仑山是能够旋转的。（2）昆仑山是不死的混沌。（3）天为昆仑。从这

① （汉）司马迁：《史记》，北京：中华书局，1959年，第1405页。
② 何宁：《淮南子集释》，北京：中华书局，1998年，第322—328页。
③ 袁珂：《山海经全译》，贵阳：贵州人民出版社，1991年，第244页。
④ 袁珂：《山海经全译》，贵阳：贵州人民出版社，1991年，第38页。
⑤ 吕微：《神话何为——神圣叙事的传承与阐释》，北京：社会科学文献出版社，2001年，第144页。

个意义而言，“河出昆仑”并非自然地理现象，而是神话的象征意义，即“黄河之水天上来”，天就是昆仑。在此基础上黄懿陆先生又提出了“昆仑”实为先越族的语言，是“天亮”或“天色”的意思。[①]虽然这些说法还有待于进一步考证，但都传递了一个明确的信息，即昆仑山与天的关系十分密切。

关于昆仑山所辖的范围在《河图括地象》中记录的较广，包括九州内外。“地中央曰昆仑。昆仑东南，地方五千里，名曰神州。其中有五山，帝王居之”[②]。“地部之位，起形高大者，有昆仑山，广万里，高万一千里，神物之所生，圣人仙人之所集也。出五色云气，五色流水，其泉东南流入中国，名曰河也。其山中应于天，最居中，八十城市绕之。中国东南隅，居其一分”[③]。昆仑山即被视为登天之梯，同时还被当做天帝在人间的行宫所在。而所谓天帝，顾名思义就是天界最高品位之神，统摄天庭。甲骨文中“帝”的含义就是天上最高的神。许多学者也坚持认为史籍中所记载的黄帝、炎帝、大尧、大舜等本意都是天帝，后来才将其作为传说中的人间君王。《五帝德》说：“（黄帝）治五气（五行），设五量，抚万民，度（达）四方。率熊、罴、貔、虎，以与赤帝战于坂泉之野，三战然后得行其志。播百谷四方……时（始）播百谷草木，淳化鸟、兽、昆虫。历离日、月、星、辰，极畋土、石、金、玉，勤劳心力耳目，节用水火材物。生而民得其利百年，亡而民用其教百年，死而民畏其神百年，故曰三百年。”功业赫赫的黄帝实际上就是人神两界的最高帝王“天帝”。《穆天子传》卷二载：“天子升于昆仑之丘，以观黄帝之宫。”而所谓的黄帝之宫实乃天帝的天界王宫，人间的天子要通过昆仑山这一沟通天人两界的仙山才能进入天庭，相反天界的最高统治者天帝通过昆仑山介入人间事务，昆仑山沟通人神、天地的意义在此表露无遗。对此袁珂先生说道：

> “黄帝”，古书又常写作“皇帝”，即“皇天上帝”的意思。他是宇宙的最高统治者，相当于希腊神话里的宙斯，或罗马神话里的朱匹忒。他不但在天上有帝都，在下方也有帝都，他的在下方的帝都，就在那高峻的昆仑山上，已接近于天庭了，因此传说是“百神之所在”。大约最

① 黄懿陆：《〈山海经〉考古：夏朝起源与先越文化研究》，北京：民族出版社，2007 年，第 234 页。

② （日）安居香山、中村璋八：《纬书集成·河图括地象》，石家庄：河北人民出版社，1994 年，第 1089 页。

③ （日）安居香山、中村璋八：《纬书集成·河图括地象》，石家庄：河北人民出版社，1994 年，第 1095 页。

古老的神话是说，神们都住在高山上，天帝的都城也在高山的巅顶。犹之希腊神话说：宙斯和众神都住在奥林帕斯山上。[①]

黄帝和炎帝的最初本义都是天神之名，而非君主之名。帝的本义就是神。黄帝，即光明之帝、光明之神，也就是太阳神。黄帝又称黄神，汉印文字有“黄神越章”。黄神乃天神，韩国乐浪出土了王莽时封泥“天帝黄神”玺印。宝鸡出土陶文有“黄神北斗”。《淮南子·览冥》云：“黄神啸吟”。“‘道藏’称黄帝为‘中黄太乙’。黄神即皇神，即‘皇帝’（神皇上帝），本为太阳神之美号也。”[②]黄帝这位中国神话系统中的最高天神的人间帝都就在昆仑山上。由此也就明白了为什么从古至今帝王封天禅地、举行祭天仪式都选择在高山之上，无非因为高山离天近的缘故。而司职祭祀的巫觋以沟通人神关系的角色出现，所以他们的做法之处要么选择高山之上，要么选择高台之上，总之一定要尽量的远离人群、远离人间。《山海经》所载不少名山就是巫觋的登天之梯。同时还有建木、扶桑等连天通地的古木虬枝，是天神的上下之所。

《山海经·海内经》载：

南海之外，黑水青水之间，有木名曰若木，若水出焉……有木，青叶紫茎，玄华黄实，名曰建木，百仞无枝，有九欘，下有九枸，其实如麻，其叶如芒。大皞爰过，黄帝所为。[③]

《淮南子·地形训》载：

建木在都广，众帝所自上下。日中无景，呼而无响，盖天地之中也。[④]

《玄中记》载：

“天下之高者，有扶桑无枝木焉，上至于天，盘蜿而下屈，通三泉”。

宗庙祭祀的时候如果不登上这些天梯古木，则上天不得而知，相应的祭祀之礼不成，虔敬之心也不被接受。《白虎通义》载：“社无屋何？达天地气。”《礼记·郊特牲》中也说：“天子大社必受霜露风雨以达天地之气”。“国之大事，唯祀与戎”。祭祀作为国家最为重要的大典，同时也是取悦上天的唯一途径，拥有庄严肃穆的仪式和程序是必不可少的。

登上昆仑山，其上无可穷极处就是层层天宫，而且越往上走路途越远、

① 袁珂：《古神话选释》，北京：人民文学出版社，1979年，第109页。
② 何新：《大政宪典·〈尚书〉新考》，北京：中国民主法制出版社，2008年，第1页。
③ 袁珂：《山海经全译》，贵阳：贵州人民出版社，1991年，第334页。
④ 赵宗乙：《淮南子译注》，哈尔滨：黑龙江人民出版社，2003年，第195页。

越为困难，所谓“昆仑之邱，或上倍之，是谓凉风之山，登之而不死。或上倍之，是谓悬圃，登之乃灵，能使风雨。或上倍之，乃维上天，登之乃神，是谓太帝之居。”[①]这实际象征的是初民对天界的想象、玄思与经纬。统治者把天宇描绘成山水环绕、层峦叠嶂的宫宇，是对渴望进入天界的百姓的最美诱惑。同时，不同的等级昭示着不同修为的人，可以根据自己的德行功修居于不同善果业报的天庭境界之中。究其根源，实在与佛教三十三重天之说无异。而昆仑山虽为海内仙山，但究其出身并非来自上天的神力，而是真真切切大禹治水所得，是活脱脱的“人为”产物，这样一座登天之山竟然出自“人力”而非天然或“神力”，其中“经天纬地”“人定胜天”的意味不言而喻。所以说中国上古神话究其根源处处还是在彰显人的力量，乃典型的人本之教。如果再把登上天宇隐射为抵达人生的彼岸世界，那所谓的“昆仑山”蕴含的意义，实际上就是圣人为我们铺就的一条通往幸福世界的康庄大道。

（四）以水喻道

在古今中西的哲学当中，“水”这一元素都蕴含着非常丰富的内涵。如让—皮埃尔·韦尔南所说：

> 泰勒斯肯定，水是最基本的元素，人们很明白他所指的是什么。水可以采取所有的形式，水孕育了生命，甚至在人身上，也是湿润的元素与生育有着关系。而与死亡、衰老相关的都是某种干涸……
>
> 但是，假如在说到水的时候，他的头脑中并没有保留这一可说是神圣的负荷，那么，他就不可能继续他的计划——即创立一种新的理性。对于他，水并不仅仅是我倾倒的东西或我喝下的东西。它还是某种包含着相当数量的效果和能量的东西。[②]

中国上古文化中更是将水的文化寓意推到了极致，古圣先贤往往都喜欢“以水喻道”，老子的道家哲学更被视为是水的哲学。中国文化对水的推崇，究其原因与后世儒学家对“五行”的解读不无关系。

“五行”的行与“天行健”的行字一样，用以说明宇宙天体永无休止、运行不息的道理。古人认为世界是“变动不居”的，所以用金、木、水、火、土等具体物质来表征其所代表的意义。因为，在原始神学观念里，为了普罗大众理解的方便，凡做科学依据、追溯事物本源等理性实践活动，古人

① 赵宗乙：《淮南子译注》，哈尔滨：黑龙江人民出版社，2003年，第195页。
② （法）让—皮埃尔·韦尔南：《神话与政治之间》，余中先译，北京：生活·读书·新知三联书店，2001年，第246页。

都喜欢采用人类耳目等感官、知觉能感知到的最平常、最易见的东西做代表。中国上古文化如此，希腊、埃及、印度上古文化也是如此。例如，古希腊哲学家泰勒斯认为万物皆水。其言下之意并不是说万物都是有 H_2O 构成的，“水”在他这里只是一种诗化的比喻。上古时期人类言语贫乏，想通过一个具有共同性的东西作为万物本源的代表。而在古希腊神话中认为是海神夫妇创造万物，又认为环绕地球有一条奔流不息的冥河，天地万物皆由此而产生。故，泰勒斯说“万物皆水”的核心观点实际上是说万物皆神，只不过他在表达上选择了一个当时看来比较接近万物共性的物质——水。泰勒斯的观点虽然也是形而上学的对道体本源的追问，但是他以形而下的具体物质来表达，这样就彻底摆脱了原始神话，开启了自然哲学追问的大门。所以说，哲学的本质是诗化的，因为诗化的联想可以超越概念规定性的限制。阿拉克西米尼认为万物和神皆由气产生，这样和神受命运限制一样，万物都受到气的限制。我们看到早期哲学对宇宙本源的追问虽然带有形而上学的倾向，但是由于神在自然中还没有超越自然和变成唯一，所以这种追问本质上还是哲学的追问。再比如金，是代表固体的性能，凡物生长以后，必然会达到凝固的状态，所以用金的坚固性作为符号表征一种坚硬的状态，与印度上古化用地作为凝固的符号是一样的。[①]所以“五行”思想的提出具有重大的哲学和科学的意义，它们绝不仅仅是五种基本元素的组合。

按照阴阳谶纬学说的观点，“五行”不光与“五色”“五音”“五味”“五方”“五脏”等相配，而且与儒家推崇的仁、义、礼、智、信相配。因“金”表现出刚毅的特点，所以有刚勇坚毅之德，故与“勇”义之德相配；因“木”有荣发生生之德，故与博爱施与的“仁”爱之德相配；因“水”有潜藏通透之德，故与“智”慧之德相配；因“火”有灿烂夺目之美，故与有形式之美的“礼”相配；因“土”有忠厚载物之德，故与厚重诚“信”之德相配。《尚书大传》曰：“水火者，百姓之所饮食也；金木者，百姓之所兴作也；土者，万物之所资生，是为人用。”张仲景在《伤寒杂病论集》中说：“夫天布五行，以运万类；人禀五常，以有五藏。”大自然敷布道气的五种不同的运行方式，使天地万物有了生、长、化、收、藏的生命规律；人体禀受了这五种运行方式，才有了以五脏为核心的五大生理系统。

而五行之“水”因与智慧相配，所以古人特别喜欢“以水喻道”。众所

① 孙立群等：《千古中医故事》，重庆：重庆出版社，2008 年，第 105 页。

周知老子对水十分推崇，整个81章的《道德经》中多方位、多角度的谈到了“水”与自然天道的相似、相通之处。老子明确提出“上善若水”和“水善利万物而不争，处众人之所恶，故几于道”。在这里水已经超越了一种物质的形态，而是以其柔弱、无骨、处下、绵长、久远、平常日用、无处不在等特征暗合了做人做事的智慧，同时直指无上的“道”的本体。因此，先秦的哲学家竞相把自己学说的核心思想用“水”这一意象来平凡朴实地表述出来。孔子秉承圣人“仰则观法于天，俯则观法于地，观鸟兽之文与地之宜，近取诸身，远取诸物……以通神明之德，以类万物之情”的精神，“上率天时，下袭水土。”把自然的规律看得明明白白，所以才能发出“子在川上曰：逝者如斯夫”的感叹。到了孟子和荀子更是看到了人性与水性的相似、相通之处，孟子从“人人皆有善根”的教育教化的角度提倡“性善说”为儒家哲学体系找到了理论根基；荀子从积极防御作恶的法律法规角度高倡“性恶论”为法家哲学思想奠定了坚实基础。其思想根源都来自治水的启发。孟子认为人性譬诸水性，“源泉混混”，天然向下，所以主张疏浚导引，使之流向正途。因此孟子喜欢言诗，而“诗言志”，诗歌宣泄疏导人的感情意志，这等同于疏浚导引之说。相反荀子认为水会横流四溢，所以主张加固堤坝，导之以正途，以免冲毁田园。因此荀子喜欢言礼，用礼仪来约束人的行为，这其实就是固堤之说。等到告子出现，更是大张“性犹湍水也”的理论，调和了孟荀之说，认为性犹湍水，无善无恶，相应地治水之法需要疏浚导引（禹之法）和加固堤坝（鲧之法）二法并用，缺一不可。到了兵家孙子那里水又成了兵形的最好喻体。孙子曰：“兵形象水，水之形，避高而趋下；兵之形，避实而击虚。水因地而制流，兵因敌而制胜。故兵无常势，水无常形。”①类似的论述还有很多。《孟子·离娄下》说：“源泉混混，不舍昼夜，盈科而后进，放乎四海。”②人在遇到困难的时候就好比流水遇到泥坑，只有充满了才能继续前行，这样的比喻对身处逆境的人而言是很好的砥砺。所以《孟子·尽心上》中接着说道：“流水之为物也，不盈科不行；君子之志于道也，不成章不达。”③《文子·九守》中说：“是以圣人以道镇之，执一无为，而不损冲气，见小守柔，退而勿有，法于江海。江海不为，故功名自

① 中国人民解放军军事科学院战争理论研究部《孙子兵法》注释小组：《孙子兵法新注·虚实篇》，北京：中华书局，1977年，第58页。
② 杨伯峻：《孟子译注》卷八《离娄下》，北京：中华书局，1960年，第190页。
③ 杨伯峻：《孟子译注》卷十三《尽心上》，北京：中华书局，1960年，第312页。

化，弗强，故能成其王；为天下牝，故能神不死，自爱，故能成其贵。”①在这里水的“无为、守弱、处下、自爱”的特性成了圣人效法的对象。在《文子·符言》中又说：“土处下，不争高，故安而不危；水流下，不争疾，故去而不迟。”②这里我们可以看到中国人文化性格中几千年来沉潜下来的“含蓄、内敛、退让、处下、示弱”的特征究其根源有很多都是拜水之赐。在《国语·周语上》中更是明确提出：“防民之口，甚于防川。川壅而溃，伤人必多。民亦如之。是故为川者决之使导，为民者宣之使言。”③以堵塞河川引起的水患比喻阻止百姓批评朝政的后果，周厉王弭谤的历史警钟长鸣于耳。汉代的待诏贾让更是在《治水三策》中奏言：“治河有上中下策。古者立国居民，疆理土地，必遗川泽之分，度水势所不及。大川无防，小水得入，陂障卑下，以为污泽，使秋水多，得有所休息，左右游波，宽缓而不迫。夫土之有川，犹人之有口也。治土而防其川，犹止儿啼而塞其口，岂不遽止，然其死可立而待也。故曰：‘善为川者，决之使道；善为民者，宣之使言。’”④善于治水的人对于洪水不是一味地堰塞拥堵，而是采取疏浚导引的方法将它分流，然后将它引入指定的河川中变水患为水利；同样的道理，高明的统治者对于百姓对朝政的臧否，也不能采取镇压之法而应予以教化引导，使民间的牢骚之言变为治国理政的“要言妙道”。

也正是因为洪水与农业国家的密切关系，治水的成败直接关乎国家的休戚。所以从一开始治水的话题在中国就绝不仅仅是一个水利的问题，而始终与政治的隐喻密切相关。所谓的“以水喻道”中的“道”更大程度上指的是“为政之道”。也因为这个原因，很多人注意到要研究中国上古社会的政治情状，就必须与“治水”关联起来。像卡尔·A.魏特夫在《东方专制主义——对于极权力量的比较研究》一书中就明确提出：“处于干旱、半干旱地区的东方古国必须以治水为重要使命，而大规模的水利工程需要大规模的组织协调和合作，这就必须有强力的指挥与领导，专制主义的国家权力缘此产生。”⑤在魏夫特看来，中国古代皇权政治源于治水。这种观点将复杂的政治体制的建立归结为简单的聚众人之力以对抗水患，机械肤浅之处不值一驳，但魏氏从治水的角度审视中国古代社会的视角还是独具慧眼的。

① 李德山译注：《文子译注》，哈尔滨：黑龙江人民出版社，2003年，第77页。
② 李德山译注：《文子译注》，哈尔滨：黑龙江人民出版社，2003年，第89页。
③ 徐元诰：《国语集解》，王树民、沈长云点校，北京：中华书局，2002年，第11页。
④（汉）班固：《汉书》，北京：中华书局，1962年，第1692页。
⑤（美）卡尔·A.魏特夫：《东方专制主义——对于极权力量的比较研究》，徐式谷等译，北京：中国社会科学出版社，1989年。

第三节　治水神话的文化内涵

通过上面对记载治水神话的典籍梳理，以及对文明土壤的考察，我们可以很自然地得出鲧禹治水神话中所隐喻教化的象征意义：（1）治水神话中与自然的斗争可以引申为人类与自身的自然属性即情感的斗争；对象从自然灾害的洪水引申为象征意义的洪水，即人的自然情感。人类自然情感的特征是感性、易怒、无节制、一览无余、一泻千里、一发不可收拾，往往将人带入危险的境地；而这些特征与洪水的特点并无二致。所以，一直以来人们都用水来比喻人的情感，直到现在我们仍然把过分宣泄的情感称为“洪水猛兽”。这里面包含有两层含义。即人的未经理智节制的自然情感就好比是未经治理的洪水一般常常为祸一方；相反经过古圣先贤文明教化后的理性的情感就好比是经过堰塞封堵、疏浚导引的治理之后的洪水一般归于中正平和，既涵容充实个人的德行操守又能福泽社会。而治理情感的方法和治水之法相似，也有两种：堰塞拥堵的“礼”的约束规范和疏浚导引的“乐”的释放宣泄。（2）治水的主人公由拥有超凡力量的英雄带领百姓转化为拥有超凡智慧的圣人引导教化百姓。（3）整个社会最主要的任务由对抗自然灾害的治水神话转化为对抗人的自然情感的礼乐教化。隐喻意义实为中国上古社会由以游牧、采摘、渔猎等多种生产方式并存的殷商王朝走向农业社会的周王朝的关注对象和主要任务的转化。（4）面对水患不能一味退缩，任其自由发展为害天下。而应积极引导使之归于大海。同样，对于人的感情也不应一味放任，而应以“礼”约束。综观大禹一生，他最大功绩在于“经天纬地、垂示天象、彰显地貌”，以教化先民“敬天法地”，即“抬头望天、低头看地”，人生活于天地之间，天地的运行规律是自然赋予人类最初也是最好的老师。圣人的高明之处就在于用人人每天面对、平常日用的天地法则引导、教化百姓。

《周易·系辞下》载：

> 古者包牺氏之王天下也，仰则观象于天，俯则观法于地，观鸟兽之文与地之宜，近取诸身，远取诸物，于是始作八卦，以通神明之德，以类万物之情。

以治水神话为例，大禹因治水之功由人而圣再而神，被附会了很多的神迹，这些神迹后来被敷衍成神话。至晚到了孔子时代，为了提升整个社会的理性精神，“以神道设教”，将神话中很多不切实际的非理性的夸张成分全部予以剔除，留下或者说夸大了神话人物神性、理性的一面；剔除或部分删减了神话人物人性、感性的一面，使神话止于教化。

进入周朝，中国社会进入理性的农业文明，后经过周公、孔子等圣人的努力，给予神话诸多改造，把其中非理性的漫无边际的附会之词剔除，留下了普通百姓“人人可学而驯至”的彰表“神”勤劳朴实、立心为公、为民奔波的功业事迹的记录。等到了司马迁的时候，更是高扬史官理性、实录的精神。“学者多称五帝，尚矣。然《尚书》独载尧以来；而百家言黄帝，其文不雅驯，荐绅先生难言之。孔子所传宰予问五帝德及帝系姓，儒者或不传。”[①]他对于这些“其言不雅驯”之辞进行了大刀阔斧的删改。正如周书灿先生所总结的那样，司马迁在《史记·夏本纪》中“楷定”后的大禹“事迹”主要包括以下几个方面：（1）自传说中的黄帝到禹的“家世”。（2）洪水传说、鲧治水失败及舜举禹治水。（3）禹联合益、后稷治水成功，开九州。（4）定贡物、贡道，划九州，定五服。（5）明度数声乐，为山川神主。（6）受舜荐举而即天子位。（7）授政皋陶、举益任政。（8）东巡狩，崩会稽，授益天下，禹子启即天子之位。[②]

对比一下大禹前后的形象，我们可以看出大禹的形象有过两次重大的变化。第一次是周公、孔子等人的理性解读，但对于一些带有神话色彩的内容采取不置可否的存疑态度；等到了司马迁等史官手中则对这些“不雅驯”之辞毫不留情的剔除删改了。经过这两次“手术”，大禹的形象就完成了从“神—人—圣—帝”的华丽转身，褪去神迹的大禹成了人间万姓膜拜顶礼的圣王明君。也正是在这种圣人和史官双管齐下的改造中，上古的神话逐渐变成了“圣话”，即是对圣贤生时功业的表彰，也是“圣人以神道设教”的最好范本，“神话”成了“圣人”施教的传声筒和“红宝书”。《庄子·寓言》所谓“寓言十九，重言十七，卮言日出，和以天倪。”[③]庄子笔下古灵精怪的寓言故事正是出于这样的考虑才出现的。

孔子将理性精神贯注到古史文化中去，为了方便教化而“随机说教”，对古代文化施以诸多改造，剔除或者说减少了其中的非理性因素。这种对于

①（汉）司马迁：《史记》卷一《五帝本纪》，北京：中华书局，1959年，第46页。
② 周书灿：《大禹传说的多元并起、“层累”积聚与定型统一》，《吕梁学院学报》2011年第3期，第52—57页。
③ 刘文典：《庄子补正》，赵锋、诸伟奇点校，北京：中华书局，2015年，第758页。

文化的“化俗为雅”的深远目的恰恰是“牵雅就俗”，把只有士阶层才明白的高深的道理，贯注到普通百姓的平常日用的生活中去。而这种化腐朽为神奇的做法，使得本来平凡庸常的事物在初民心中变得具有了某种说不清道不明的神性。如让-皮埃尔·韦尔南所说：

> 我们可以肯定说，理性的出现不是一种出自虚无的揭示，而是具有一种历史学的特点。此外，应该看到，爱奥尼亚人绝对不是驱除迷信的理性的狂热信徒。对于他们，这一世界充满了神明。从某种方式上说，我们说到的这些新原则仍然有着某些神圣的味道。对一种神明世界的旧观点在这一时代始终存在，假如人们把自己的位置让给神明，人便不可能理解这一时刻。同样，考察数学的发展，那么毕达哥拉斯学派绝对有这样的一种思想，即某些数字是完美的，拥有一种神圣的价值。这种观念现在对我们有些陌生了。反正，在那一时刻，前进的脚步可能也是由于这一“神秘”而取得的。①

大禹的这些丰功伟业奠定了中华民族农耕立国的基础。后世周公、孔子洞悉大禹教化先民的良苦用心，乃将“经天纬地”之“纬地”精神发扬光大，辗转传播，引申出“制礼作乐”的精神以化育百姓、协和万邦，终成中国千年文治之根基。可以说几千年来我中华民族两大立国根基农耕和文治，追根溯源皆首倡自大禹。大禹不光可以成为农耕之祖，亦可称为文教之祖，其治水之功更是直接开启了后世儒家的礼乐精神。

① （法）让—皮埃尔·韦尔南：《神话与政治之间》，余中先译，北京：生活·读书·新知三联书店，2001年，第246页。

第二章 “六经”文教系统与“洪范九畴”

第一节 “六经”文教系统奠定了儒家礼乐制度的基础

“六经”是儒家治世教化的文献典籍，而儒家最初的产生就和教化密切相关。《汉书·艺文志》载：“儒家者流，盖出于司徒之官，助人君顺阴阳明教化者也。游文于六经之中，留意于仁义之际，祖叙尧舜，宪章文武，宗师仲尼，以重其言，于道最为高。”[①]可见“儒家”之说最早出于司徒这个官职。所谓“司徒”，顾名思义就是司职掌管徒弟的人，其实就是主管教育教化的朝廷官员。因为，“百年大计，教育为本”“建国君民，教学为先”。在春秋战国诸侯纷争、战争频仍的大环境下，诸子百家都想重新为社会建序，由于诸子所代表的利益阶层不同，因而所开出的“药方”也截然不同。有从国家的角度出发的，比如法家；有从社会的角度出发的，比如墨家；有从个人的角度出发的，比如道家……只有以孔子为代表的儒家从最根本、最重要也最难做的文化的角度出发，把教化摆在首要位置，开出了泽被百世、利益万代的“药方”。

正如孔安国在《古文尚书·序》中所说：

> 先君孔子，生于周末，睹史籍之烦文，惧览之者不一，遂乃定《礼》、《乐》，明旧章；删《诗》为三百篇，约史籍而修《春秋》，赞《易》道以黜《八索》；述《职方》以除《九丘》。
>
> 讨论《坟》、《典》，断自唐虞以下，讫于周。芟夷烦乱，剪截浮辞，举其宏纲，撮其机要，足以垂世立教。[②]

---

① （汉）班固：《汉书》，北京：中华书局，1962 年，第 1728 页。
② 何新：《大政宪典·〈尚书〉新考》，北京：中国民主法制出版社，2008 年，第 17 页。

面对礼崩乐坏、人心不古的乱世，孔子积极奔走、身体力行。他首创私学，开学授徒，希图通过一己之力挽狂澜于既倒，施教化于世道民心。通过“诲人不倦”的教育，在每个人的心中唤起“仁”的光辉，进而发散、影响到社会和国家。在帝王的努力下，建立“安居乐业、民心淳朴”堪比上古时期的“仁政”国家。后虽经陈蔡绝粮、诸侯摈弃、弟子早逝等多重磨难，而不得已放弃游说诸侯这样自上而下的干谒模式，转而裁掇典籍、整理文献、杏坛讲学，通过教育教化播种文明的火种，培养一批胸怀天下、以社稷苍生为己任的后继者，让文明的曙光薪火相传。孔子的教化方式大体可分为两种：一种是整理裁掇古代的文献典籍，赋予他们新的时代内涵。称孔子为“圣之时者”，就是从这个意义上而言的。可以看出，孔夫子绝不是“自谓握灵蛇之珠”自说自话的不识时务者，而是活脱脱的与时俱进的鲁迅所谓的“摩登圣人”。他将传统的经典与时代的利益诉求相结合，使老树发新芽，枯枝开新花。另一种是对古圣先王的事迹的追述和传播，即所谓“祖述尧舜、宪章文武”。“六经”就是在这两种意义上一变而成为儒家启民心、临教化的经典，并进而直接开启了儒家的礼乐制度。因此，正如鲍鹏山先生所说的“（儒家）于道为最高”。中华五千年文明实体中绵亘时间最长、最为耀眼的就是儒家文化，而儒家文化的出发点就是“明教化者也”。

一、“六经”与《尚书》文教系统

我们一般习惯上把传统的经典文化冠之以“国学”的名号。但是，关于“国学”内涵的争论从未停歇。但有一点可以肯定，就是无论怎么去界定“国学”的含义，其中始终包含着一个“合理内核”——“六经”（因后世《乐记》失传，也称“五经”）。国学大师马一浮先生甚至认为所谓“国学”其实就是“六艺之学”。他在《泰和会语》中详细地论述了这一观点。

> 今先楷定国学名义。举此一名，该摄诸学，唯六艺足以当之。六艺者，即是《诗》《书》《礼》《乐》《易》《春秋》也。此是孔子之教，吾国二千余年来普遍承认一切学术之原皆出于此，其余都是六艺之支流。故六艺可以该摄诸学，诸学不能该摄六艺。今楷定国学者，即是六艺之学。用此代表一切固有学术，广大精微，无所不备。……《经解》引孔子曰：“入其国，其教可知也。其为人也，温柔敦厚，《诗》教也；疏通致远，《书》教也；广博易良，《乐》教也；洁静精微，《易》教也；恭

俭庄敬，《礼》教也；属辞比事，《春秋》教也。”

《庄子·天下篇》曰：“《诗》以道志，《书》以道事，《礼》以道行，《乐》以道和，《易》以道阴阳，《春秋》以道名分。”

自来说六艺，大旨莫简于此。有六艺之教，斯有六艺之人。故孔子之言是以人说。庄子之言是以道说。《论语》曰：“人能弘道，非道弘人。”道即六艺之道，人即六艺之人。有得六艺之全者，有得其一二者，所谓“学焉而得其性之所近”。《论语》记“子所雅言，《诗》《书》执礼”，“兴于《诗》，立于《礼》，成于《乐》。”《王制》：“乐正崇四术，立四教，顺先王《诗》《书》《礼》《乐》以造士。春秋教以《礼》《乐》，冬夏教以《诗》《书》。”是知四教本周之旧制，孔子特加删订。《易》藏于太卜，《春秋》本鲁史，孔子晚年始加赞述，于是合为六经，亦谓之六艺。①

马浮先生的这段话详细的阐明了中华千年儒家文明的载体即为“六经”之学，而“六经”之学最根本的出发点也都源自教化。从这个意义而言所谓“六经”实际都是圣人对百姓在不同时间、不同地点、不同事务上的循循善诱之辞。马一浮先生甚至认为：“不通六艺，不名为儒。”他还说：“何以言六艺该摄一切学术？约为二门：一、六艺统诸子；二、六艺统四部。”只有熟读、践行“六艺”，才能生出一颗拔乎流俗之心，迥脱俗尘，显现出自我灵明不昧的自性之光，过上从容淡泊的“诗情画意”的生活。

今人日常生活，只是汩没在习气中，不知自己性分内本自具足一切义理。《记》曰：“天尊地卑，万物散殊，而礼制行矣；流而不息。合同而化，而乐兴焉。”“礼者，天地之序。”“乐者，天地之和。”故曰：“礼乐不可斯须去身。”“仁者见之谓之仁，知者见之谓之知，百姓日用而不知。”自性本具仁智，由不见，故日用不知，溺于所习，流为不仁不知。《礼》《乐》本自粲然，不可须臾离，由于不肯率由，遂至无序不和。今人亦知人类须求合理的生活，亦曰正常生活，须知六艺之教即是人类合理的正常生活，不是偏重考古，徒资言说而于实际生活相远的事。②

而六艺之学又终统摄于一心。所以马一浮先生感叹：

六相摄归一德，故六艺摄归一心。圣人以何圣？圣于六艺而已。学者于何学？学于六艺而已。大哉！六艺之为道。大哉！一心之为德。学

① 马一浮：《泰山宜和会语》，沈阳：辽宁教育出版社，1998年，第7—8页。
② 马一浮：《泰山宜和会语》，沈阳：辽宁教育出版社，1998年，第13页。

者于此，可不尽心乎哉！……圣人往矣，其道则寓于六艺，未尝息灭也。六艺是圣人之道，即是圣人之知，行其所知之谓道。今欲学而至于圣人之道，须先明圣人之知。知即是智。孟子曰：“始条理者，智之事也；终条理者，圣之事也。”圣人之知，统类是一，这便是始条理；圣人之道，本末一贯，这便是终条理。①

在马一浮先生看来，《六经》已经成了儒家士子成贤成圣的不二法门。

先秦时期儒家思想的集大成者荀子曾对“六经”有过精辟论述，强调了它们的教化功用。作为儒家经典主要的传播者，据清人汪中在《荀卿子通论》中考证，《诗》《易》《礼》《春秋》诸经都是荀子传授的。近人刘师培推断，荀子又是《左传》《谷梁传》的直接传播者。所以，他的说法当更接近儒家经典的真旨。荀子在《劝学》中说：“故《书》者，政事之纪也；《诗》者，中声之所止也；《礼》者，法之大分、类之纲纪也，故学至乎《礼》而止矣。夫是之谓道德之极。《礼》之敬文也，《乐》之中和也，《诗》《书》之博也，《春秋》之微也，在天地之间者毕矣。”《荀子·性恶》载，圣人化性而起伪，伪起而生礼义，礼义生而制法度。在荀子看来教育教化的最大功用在于“化性起伪”，人的天真率真的性情只有通过后天的学习才能转化为一个知书达礼的彬彬君子。通“六经”则天下之理尽在掌握之中。

到了汉代，董仲舒也洞悉了圣人制礼作乐、整理“六经”的目的在于“临教化”，通过“六经”等文学作品化育百姓、协和家邦，使整个国家上至帝王将相下至贩夫走卒都过上合于天道的理性的、节制的“诗化”生活。董仲舒认为：“道之大原出于天，天不变，道亦不变”，一切诗文礼乐等文学艺术都是为永恒不变的“天道”服务的。所以从“教化之功”出发，董仲舒认为“六经”的功能全在于教化。他说：“《春秋》大一统者，天地之常经，古今之通义也。”《春秋》如此，其他儒家经典亦然，都具有潜移默化、移风易俗的“教化之功”。《玉杯》评论“六经”有云：“君子知在位者之不能以恶服之也，是故简六艺以赡养之：《诗》、《书》序其志，《礼》、《乐》纯其美，《易》、《春秋》明其知。六学皆大，而各有所长：《诗》道志，故长于质；《礼》制节，故长于文；《乐》咏德，故长于风；《书》着功，故长于事；《易》本于天地，故长于数；《春秋》正是非，故长于治。”这段论述中以极其简练精当的文字评价了“六经”各自不同的教化功能。诗歌的艺术特点在

① 马一浮：《泰山宜和会语》，沈阳：辽宁教育出版社，1998年，第12、19页。

于表达人的思想感情，最看重的是质直朴拙、不加雕琢修饰的真情实感的流露，是道志与抒情的统一，所以说“《诗》道志，故长于质”。而《礼》的出发点在于对人的自然情感的理性节制，使之能够“发乎情止乎礼仪”，强调长幼、尊卑、贵贱的秩序，外在的礼仪形式非常必要。所以说“《礼》制节，故长于文”。《乐》是人自然情感的真诚流露，《礼记》中说：“夫乐者，通伦理者也”“乐者，所以象德也”“乐者，德之华也”。人生不能没有音乐，如荀子在《乐论》中所说：“夫乐者，乐也，人情之所必不免也，故人不能无乐。”音乐的教化作用显得更亲切、更自然，具有潜移默化、移风易俗的功能。所以说：“《乐》咏德，故长于风”；《乐记》中说：“凡音者，生人心者也。情动于中，故形于声；声成文，谓之音。”又说：“凡音之起，由人心也。人心之动，物使之然也。感于物而动，故形于声；声相应，故生变；变成方，谓之音；比音而乐之，及干戚羽旄，谓之乐也。乐者，音之所由生也，其本在人心感于物也。”由于音乐对人情志的影响巨大，因此也应该看到一旦音乐的创作失去约束节制，一味追求放纵则很容易走向坏人情志的靡靡之音，所以孔子才会说：“郑声淫，逐郑声。”因此，将音乐纳入到教化的范畴中，它自然也就具备了表征德行的功能。所以说：“乐者，所以象德也”。而《尚书》主要记录虞舜、大禹等古代帝王、先贤的功德业绩，对于后世上至帝王下至凡夫的事功之事都很有启发指导意义，因此说：“《书》着功，故长于事”；《易经》从理、象、数三个层面参赞天地之化育、宇宙之规律，正如《易·泰卦·象传》所说：“天地交而万物通也”，又《易·咸卦·象传》“天地感而万物化生”，又《易·系词下》云：“天地氤氲，万物化醇；男女构精，万物化生。”所以说：“《易》本于天地，故长于数”；而《春秋》重在明善恶、辨是非，“春秋笔法”秉笔直书”，以史为鉴，可以作为后世治乱持危、安邦治国的长鸣警钟，所以说：“《春秋》正是非，故长于治”。董仲舒认为六艺是对百姓施以教化的最好范本，在寓教于乐的文艺作品中“动之以情、约之以礼、教而化之”，才能获得“润物细无声”的教化效果。

就连葛洪也在《抱朴子》中说：“五经为道德之渊海，治世存正之所由，立身举动之准绳，其用远而业贵，其事大而辞美，有国有家不易之制。”在这里葛洪清楚的阐释了“五经”的巨大治世功能，看似简单的五本小书，实际上囊括包含了古圣先贤对历史、人生、社会的经验之谈，是立身治国、齐家平天下的“法宝”。

诚如顾炎武所说：“窃以为圣人之道，下学上达之方。其行在孝悌忠信。其职在洒扫应对进退；其文在《诗》、《书》、《三礼》、《周易》、《春秋》；其用之身，在出处、辞受、取与；其施之天下，在政令、教化、刑法；其所著之书，皆以为拨乱反正，移风易俗，以驯致乎治平之用……其于世儒尽性至命之说，必归之有物有则。”①儒家的血脉所系就是用“六经”来“拨乱反正，移风易俗，以驯致乎治平”之用。

近人陈寅恪先生在《冯友兰中国哲学史下册审查报告》中直言：

> 儒者在古代本为典章学术所寄托之专家。李斯受荀卿之学，佐成秦治。秦之法制实儒家一派学说之所附系。中庸之“车同轨，书同文，行同伦。”（即太史公所谓“至始皇帝乃能并冠带之伦”之“伦”。）为儒家理想之制度，而于秦始皇之身，而得以实现之也。汉承秦业，其官制法律亦袭用前朝，遗传至晋以后，法律与礼俗并称，儒家周官之学说悉采入法典。夫政治社会一切公私行动，莫不与法典相关，而法典为儒家学说具体之实现。②

《礼记·经解》云：“孔子曰：‘入其国，其教可知也。其为人也，温柔敦厚，《诗》教也；疏通知远，《书》教也；广博易良，《乐》教也；洁静精微，《易》教也；恭俭庄敬，《礼》教也；属辞比事，《春秋》教也’。”在孔子看来阅读《诗经》可以培养人温柔敦厚、含蓄蕴藉的诗化人格和风度；《尚书》可以熏染人变通豁达、勤于事功的智慧；《乐记》涵容人的情感，使人品尝如闻韶乐、风乎舞雩，咏而归的圣人境界；《易经》帮助人体认广博深邃、微妙玄幽的宇宙人生；《礼记》培养人恭敬庄严、言行有节的理性性格；《春秋》警醒人以史为鉴，朝乾夕惕。所以一个国家、一个地区的文明程度，通过其百姓身上所体现出的风度、品质概可尽知。“六经”作用一至于斯，所以它的教学化育功用也在孔子提倡之后被推到了极致，得到了荀子、董仲舒等大儒的发扬光大。

在中国哲学中，对中国人的文化心理结构的形成产生重大影响的“天人合一”的思想就深刻地体现在《六经》中。“天人合一”的思想影响到中国社会生活的方方面面。《荀子·儒效》中说：“圣人也者，道之管也。天下之道管是矣，百王之道一是矣。故《诗》《书》《礼》《乐》之道归是矣。《诗》言是，其志也；《书》言是，其事也；《礼》言是，其行也；《乐》言是，其

① （明）顾炎武：《顾炎武全集》第21册，上海：上海古籍出版社，2012年，第199页。
② 陈寅恪：《金明馆丛稿二编》，北京：生活·读书·新知三联书店，2001年，第283页。

和也，《春秋》言是，其微也。”[①]圣人是天道的枢纽，而圣人之道全部体现在“六经”中。所以说士子求学应该从“六经”开始，“始乎诵经，终乎读《礼》，其义则始乎为士，终乎为圣人。”刘熙载在《艺概·诗概》也说：“《诗纬·含神雾》曰：‘诗者，天地之心。’文中子曰：‘诗者，民之性情也。’此可见诗为天人之合。”《汉书·艺文志》载：“六艺之文：《乐》以和神，仁之表也；《诗》以正言，义之用也；《礼》以明体，明者著见，故无训也；《书》以广听，知之术也；《春秋》以断事，信之符也。五者，盖无常之道，相须而备，而《易》为之原。”[②]“六经”是仁之表、义之用、明之体、知之术、信之符。因此，在儒家看来，“六经”绝不仅仅是六部文化典籍，而是本乎天道、传之圣人的安身立命、化育家邦的宝典，每个学人都应该以“六经”为切入，努力走上“宗经、征圣、明道”的三位一体的体悟大道、超凡成圣的道路。概而论之，儒家认为“天、地、人”是三位一体的。人头顶天、脚踏地，抬头望天、低头看地，生于天地之间，与天地的关系密不可分。正如《礼记·礼运》所说：“人者，天地之心也。”据《礼记正义》疏，人为“天地之心”，包涵两层意思：一是指人生存于天地中央，犹“人腹内有心”者；二是指人“动静应天地”，是万物之灵，犹“心”之于五脏中“最灵”者，能“动静应人”一样。简而言之，人为天地之心、人为万物之灵。

而作为“六经”之一的《尚书》，是儒家政治理想最完整和最系统化的体现。《尚书》顾名思义即为“上古之书”，是中国现存最古老的历史文献典籍。分为《虞书》、《夏书》、《商书》和《周书》。其中《虞书》、《夏书》学界多认为是后人假托之作。虽为假托但价值不菲，仍然保存、记录了很多上古的治世思想。《商书》包括殷商时期帝王的“誓、命、训、诰”。《尚书》与《诗经》《易经》《礼记》《乐记》《春秋》并称为儒家的“六经”。

自汉代以后，《尚书》既是帝王所必须研习的基础政治教科书，又是从政的士大夫所必读必遵的宪政大法。可以说，一部《尚书》蕴含浓缩了贯穿中国 5000 年传统政治道德基石的一整套核心价值。何以这样一部“佶屈聱牙”的上古历史文献的汇编会成为儒家的经典，并进而成为后世帝王秘不外宣的治世法典？究其原因，实为《尚书》中所追述的先王治世功业是儒家政治理想最完整、最系统的体现。正如蔡沈在《书经集传序》中说：

① 高长山：《荀子译注》，哈尔滨：黑龙江人民出版社，2003 年，第 117 页。
②（汉）班固：《汉书》，北京：中华书局，1962 年，第 1723 页。

> 二帝三王之治本于道。二帝三王之道本于心。得其心，则道与治可得而言矣。何者精一执中，尧、舜、禹相授之心法也。建中建极，商汤、周武相传之心法也。曰德、曰仁、曰敬、曰诚，言虽殊而理则一，无非所以明此心之妙用也。至于言天，则严其心之所自出。言民，则谨其心之所由施。礼、乐、教、化，心之法也。典章文物，心之著也。家齐国治而天下平，心之推也。心之德其盛矣乎。二帝三王，存此心者也，夏桀商纣，亡此心者也。太甲成王，困而存此心者也。存则治，亡则乱。治乱之分，顾其心之存不存何如耳。后世人主有志于二帝三王之治，不可不求其道。有志于二帝三王之道，不可不求其心。求心之要，舍是书（按：指《尚书》）何以哉！①

蔡忱这段话可以看作中国上古文化最为精辟、简练的一个大纲。尧舜禹相传的治世心法就是被誉为十六字箴言的“人心惟危，道心惟微，惟精惟一，允执阙中”，而商汤周武所传心法就是“洪范九畴”中的第五筹策“建中建极”，之后的礼乐教化、典章文物、修齐治平等建国君民之法都是在此基础上的发挥运用。天下之治源于此，天下之亡亦败于此。

我们知道一个国家的文明载体有很多，但在中国传统文人看来，其中最重要的不是政治、不是军事，也不是经济，而一定是文化。文化高于一切，甚至高于国家、社会、个人。关于这一点的讨论先秦百家的讨论已经给出我们详尽地答案了。韩非子关注国家、墨子关注社会、庄子关注个人而孔子更关注文化。在中国人的传统观念中，城池丢了可以再夺回来，类似吴越之战的例子不胜枚举；国家覆亡了可以再建，像以色列的犹太民族一样；而一旦文化覆亡了，文明的火种就断了，这是一个民族最大的悲哀。而我中华民族之所以历五千年艰辛而文明未曾断流，无数次外敌入侵都能在承受巨大的苦难之后继续高扬文明的火种，究其根源都来自中华文化巨大的凝聚力、向心力。正是这种“文化高于一切”的观念，使得中华民族虽多经磨难而能永远屹立于世界文明之林。而《尚书》所载的历史文献恰恰正是三代之帝不以开疆拓土为目的，不以武力征伐为手段，如何筚路蓝缕、历尽千辛的建立文化规制的良苦用心。据《尚书·尧典》载，尧为政第一要务，就是整理天文与历法，以便形成后世文化与历史中“正朔”的观念。这与孔子治国理政的“正名”思想不谋而合。尧在针对游牧、渔猎、农耕文明的基础上，侧重于天

① 刘梦溪：《中国现代学术经典·张君励卷》，石家庄：河北教育出版社，1996年，第252页。

文、历法等属于自然科学规制的建设，把它与人类文化的建设同时并进。舜在未继承大统之前辅佐尧，开始潜心整理天文、历法，创建礼乐、文教、刑政等许多制度，整理自上古以来的自然科学与人类文化有关的要务。他们为中华文明规制奠定坚实基础。然而，不幸的是，就在尧舜的时代中国有了洪水之患，造成“浩浩怀山襄陵”惨不忍睹的状况，持续一二十年之久。给予国家、百姓以巨大的灾难。后经大禹十数年的努力，开山浚川，导河入海，才将洪水的灾患变成全国的河渠水利，功在当时，德及万古。我们看到现存最早的文献典籍总会追溯到这一次大洪水，而对之前的历史文明或只言片语或语焉不详，究其原因实在是因为许多文献典籍随着这一次大洪水的灾难而消失殆尽，好在在大禹等人的努力下这次毁灭性的洪水只持续了十几年的时间，所造成的损失也在大禹治水功成之后尽可能地得到了弥补，因此真正中国文化历史，由上古到大禹治水的成功，才算正式奠定中华民族农业立国的坚强基础，有了原始农业经济的成就，才能完成夏商周三代确实建立的中国文化系统。虽然古史载尧舜奠定文治功勋，但尧舜史迹见于《尚书·尧典》、《尚书·舜典》，可以看到都是大禹治水的成功才能完成尧舜相承文治的大业。所以孔子说：“禹，吾无间然矣！”由伏羲画卦，经神农、黄帝而到尧舜以后，大禹当之无愧的称得上是中国上古建国史上划时代的人物。①

其实《尚书》也是儒家政治理想最完整和最系统化的体现。《尚书·尧典》载：“克明俊德，以亲九族。九族既睦，平章百姓；百姓昭明，协和万邦。”②即由身而家、由家而族、由族而国、由国而天下的推己及人的治国理念，这实际上体现了儒家修齐治平的系统化人伦政治理想。综观整部《尚书》的核心理念应该说主要有四：一是亲民；二是仁善；三是正德；四是中和。仁即博爱与善美。德即正行与正心。和即多元兼容的协调与统一。仁的思想已见于《尚书》，后来孔子着重发挥而成为儒家之中心价值。和而不同的思想则被用作儒家治国追求的理想境界。所谓亲民，就是相信国家兴亡系于民心。《尚书·五子之歌》中说：“民惟邦本，本固邦宁。”③《尚书·泰誓》云：“民之所欲，天必从之。”④《尚书·泰誓》云：“天视自我民视，天听自我民听。百姓有过，在予一人。”⑤这些难能可贵的民本和亲民的思想，

① 南怀瑾：《禅宗与道家》，上海：复旦大学出版社，1996年，第168页。
② 何新：《大政宪典·〈尚书〉新考》，北京：中国民主法制出版社，2008年，第10页。
③ 何新：《大政宪典·〈尚书〉新考》，北京：中国民主法制出版社，2008年，第172页。
④ 何新：《大政宪典·〈尚书〉新考》，北京：中国民主法制出版社，2008年，第313页。
⑤ 何新：《大政宪典·〈尚书〉新考》，北京：中国民主法制出版社，2008年，第319页。

至春秋时代，甚至被认为高于宗教中的神本思想。《左传·桓公六年》季梁语：“夫民，神之主也，是以圣王先成民而后致力于神。”[①]《左传·庄公三十二年》虢国史嚚语：“国将兴，听于民；将亡，听于神。神，聪明正直而一者也，依人而行。”[②]《左传》、《战国策》受《尚书》民本思想的影响，后来孟子才说出了“民为贵，社稷次之，君为轻”的千古名言。在那样一个“率民而事神”的时代，这种说法无异于晴天霹雳，而《尚书》中的民本思想、仁政思想、德治思想、中庸思想对后来儒家四书的核心思想都产生了极大的影响。

南怀瑾先生在《禅宗与道家》一书中对中国上古文化做了极其精辟的阐述与分析：

> 我们知道中华民族文化的发源地，先由西北高原开始，逐渐向黄河下游发展，到了三代以下，便形成中原文化。这一系统文化的老祖宗，大致都上推自伏羲画卦做开始，以黄帝轩辕为中心，终以文王演绎八卦的《易经》哲学，奠定自伏羲，经黄帝，至于文王一系的学术思想，发源于西北高原，展开了黄河流域中心地区的文化。我们姑且假定一个名辞，叫它为《易经》学系的文化学术，或者称它为中国上古西北高原文化思想；前者的名称，是以经学做中心，后者的名称，是以地理历史做代表，它与孔子所搜集编著三代政治历史资料的《书经》(《尚书》)文化，俨然是两个系统。因为《书经》所保留政治历史文化的资料，自唐、尧、虞、舜、夏禹，至商汤而至于周代的文化，除了经过周公的融会而集其大成，制定周代的礼、乐、文教、刑政以外，从三代以至于商汤，大致都是起自黄河中心流域东北方的文化思想，所以我们也可叫它为《书经》学系的文化学术，或者称它为中国上古黄河中心流域东北方的文化思想。
>
> ……至于后世以孔子做代表的儒家学术思想，偏重于人文道德伦理的文化，实在是受周公礼、乐、文教、刑政思想的影响，渊源于《书经》的三代文化而来。这在孔子之孙子思所著的《中庸》里，也很明显地说：“仲尼祖述尧舜、宪章文武，上律天时，下袭水土。”便是很好的说明。孔子的晚年学易，大体仍然纳于人文的规范，依然是循文王、周

① 王守谦、金秀珍、王凤春：《左传全译》，贵阳：贵州人民出版社，1990 年，第 76 页。
② 王守谦、金秀珍、王凤春：《左传全译》，贵阳：贵州人民出版社，1990 年，第 171 页。

公的思想路线而发展。[①]

按照南先生的观点，中国上古文化可以分为以《易经》为中心的西北高原文化和《尚书》为中心的东北方文化两大系统，我们可以做一个大胆的猜测，中国上古神话大致也可分为两个系统：即西北高原系统和东北方系统。西北高原系统的神话侧重于描写部落首领之间的斗争，以夸耀我中华始祖草创之不易，显“创”字；如女娲抟黄土造人，女娲补天、盘古开天、共工怒触不周之山、精卫填海、夸父追日、黄帝战蚩尤、刑天舞干戚、后羿射日等神话当属于西北高原系统。东北方系统侧重于文教治理与自然之不懈斗争，强调治天理地、排山倒海、归治民情、施以教化的文教精神，实为对先祖第二阶段治理天下文治武功之褒扬，凸显一个“理”字。伏羲画八卦、鲧禹治水、精卫填海、愚公移山等当为东北方系统。这种猜测并非凭空而来，直至今日所谓的“北祭黄帝陵，南祭大禹陵”，已经成为如今华夏后裔祭祀先祖的公祭模式。从时间上来说西北高原系统的神话当属第一时期，东北方神话系统当属第二时期。以“治水神话”为例，吕微先生在其《神话何为——神圣叙事的传承与阐释》一书中不厌其烦地列举了27条相关条文献，进而按不同类型总结出“布”“堰”“填”三组[②]，可以看出三组中“布”也好、“堰”也好、“填”也好，其实归根结底强调的都是一个“理”字。彰显的是大禹、周文王、周公、孔子等圣人经纬天地、教民稼穑、文教刑政的不朽功业。

二、《尚书》对儒家的德治与礼乐制度的影响

贯穿整部《尚书》中最重要的一个概念就是“德”。这要远早于老子《道德经》中的记载。德，初文作徝，是直、行二字的合文会意字。而徝又与循为同源字。循即遵循的意思。所以遵循规范、行为正直就称为“有德”。再从造字法来看，德左边的双人旁有走的意思，右边的十加目，而且是平放的目，表示人的视觉感官系统。最后是一个心字，心是心灵系统。所有的感觉系统加上一个理性的认识，即心灵系统。我们对世界的认识是从感性认识上升到理性认识，感官系统觉知的感性认识只有通过心灵的过滤，经过理性的思考，才能上升为理性认识。[③]所以说德是通过后天的学习修养而

① 南怀瑾：《禅宗与道家》，上海：复旦大学出版社，1996年，第163—164页。
② 吕微：《神话何为——神圣叙事的传承与阐释》，北京：社会科学文化出版社，2001年，第90—92页。
③ 鲍鹏山：《先秦诸子八大家》，上海：上海科技文献出版社，2012年，第7页。

获得的，因此《说文解字》说：“德者，得也”。外在的价值规范只有深入人心变成一种行为准则和个人涵养才能称之为“德”。“德”成了中国文化中一个极其重要的概念。至晚到商代，“德”已经成为帝王最需秉承的行为准则。商朝帝王盘庚在迁都时给臣民的演说辞中谈道：“非予自荒兹德，惟汝含德……施实德于民。……予亦不敢动用非德……用德彰厥善。邦之臧，惟汝众；邦之不臧，惟予一人有佚罚。”①可见至晚到商王盘庚就已经明白，帝王的责任就是“敬天保民”。对于帝王而言，“德”的含义在遵循规范、行为正直的基础上有了更进一步的衍生，成了帝王对天、地、百姓的一种政治责任。帝王只有谨守为政之德才能安邦兴国、百姓拥戴，相反如果倒行逆施、丧德无道则必然亡国。在这里《尚书》将天理、性命、执政、为人四者用“德”这一共同的行为准则一以贯之的联结起来。“曰命曰天，曰民曰德，四者以贯之”。“德”逐渐演化成了中国文化中最为核心的精神内涵。很多人误以为儒家关于天道的观点更多地倾向于荀子的论点“天行有常，不为尧存，不为桀亡”②的说法。认为儒家的天道观更多体现了是带有后世的客观唯物主义的思想，天道与人道双规并行，各遵其道，永不相交。其实不然，孔子“祖述尧舜、宪章文武”，继承周文王、周公的血脉，完全走的是《尚书》的路子，孔子的仁政思想和礼乐制度完全是建立在《尚书》德治的天命观之上的。我们很容易区分他和荀子思想之间的区别，荀子的天命观中已经暗含了法家的立论基础。正如何新先生所说：“这种‘德政’与‘亲民’的思想，其实乃是原始的民主思想。实际上，社会契约论或曰民约论的思想，民本、民权与民主的思想，皆并非起源于西方，起源于罗马，而是起源于中国，起源于《尚书》。以民本为本的政德理念，就存在于《尚书》的亲民与正德之理念中。”③在《尚书》中，周公第一次把上天的好恶与地上君主的行为联系起来与百姓的生存状况联系起来。“天听自我民听，天视自我民视”。天帝是监临人间、赏善罚恶的最高天神，无论帝王凡夫都要“修人事以应天命”。怀着朝乾夕惕“存敬”的心思面对上天。“我亦不敢宁于上帝命，弗永远念天威”。《尚书·周书·君奭》云：“敬之、敬之！天维显思，命不易哉！天曰高高在上，陟降厥土，日临在兹”。何新接着说：“通过‘敬德保民’使上天认可和保佑他们在地上的统治权力。周人是用‘敬德’改造了殷人的天命论。”④

① 何新：《大政宪典·〈尚书〉新考》，北京：中国民主法制出版社，2008年，第251—252页。
② 高长山：《荀子译注》，哈尔滨：黑龙江人民出版社，2003年，第318页。
③ 何新：《大政宪典·〈尚书〉新考》，北京：中国民主法制出版社，2008年，第7—8页。
④ 何新：《大政宪典·〈尚书〉新考》，北京：中国民主法制出版社，2008年，第8页。

先秦显学儒、法两家对后世中国产生影响最大，简而言之两家的区别在于：儒家以礼乐文治为本；法家以行政法令为本，其思想根源皆来自《尚书》。司马迁在《史记·乐书》中说："礼节民心，乐和民声，政以行之，刑以防之。礼乐刑政四达而不悖，则王道备矣。乐者为同，礼者为异。同则相亲，异则相敬。……礼义立，则贵贱等矣；乐文同，则上下和矣。"[①]

礼乐以别贵贱，乐文以沟通天人——这正是儒家礼乐思想的根本要义。《礼记·礼运》云："故圣人以礼示之，故天下国家可得而正也。"[②]"礼达而分定，故人皆爱其死而患其生。"[③]礼的目的就是让社会上每个人都能安守本分恪守自己在社会等级中的地位。《左传·昭公五年》云："礼所以守其国，行其政令，无失其民者也。"[④]国家可守、政令可行、庶民无失的前提就是人人安守本分。《左传·隐公十一年》更是明确提出礼的功用，"礼，经国家，定社稷，序民人，利后嗣者也。"[⑤]礼是经纬家邦、秩序百姓、绵延规制的国之大本。由此引申出《礼记·曲礼》中"夫礼者，所以定亲疏，决嫌疑，别异同，明是非也。"[⑥]《礼记·王制》云："司徒修六礼以节民性，明七教以兴民德，齐八政以防淫，一道德以同俗……"[⑦]通过礼节制人的欲望和自然情感，一步步通过教育教化培养民德，使"民德归厚矣"。《左传·襄公十三年》云："君子尚能而让其下，小人农力以事其上，是以上下有礼。"[⑧]社会各阶层虽然分工不同，但都需要礼的约束节制，实际上就是对秩序的崇尚与维护。《礼记·祭义》云："子曰：'立爱自亲始，教民睦也。立敬自长始，教民顺也。教以慈睦，而民贵有亲。教民敬长，而民贵用命。孝以事亲，顺从听命，错诸天下，无所不同。'"[⑨]《礼记·丧服小记》载："亲亲、尊尊、长长，男女之有别，人道之大者也。"[⑩]殷道亲亲、周道尊尊、长幼之序、男女之别这些承继大宝的根本原则都来自"礼"。

圣人制礼作乐以节人情。《礼记·坊记》引孔子话说："礼者，因人之情而为之节文，以为民坊者也……夫礼者，所以章疑别微，以为民坊者

①（汉）司马迁：《史记》，北京：中华书局，1959年，第1186—1187页。
② 吕友仁、吕咏梅：《礼记全译》，贵阳：贵州人民出版社，1998年，第427页。
③ 吕友仁、吕咏梅：《礼记全译》，贵阳：贵州人民出版社，1998年，第437页。
④ 王守谦、金秀珍、王凤春：《左传全译》，贵阳：贵州人民出版社，1990年，第1153页。
⑤ 王守谦、金秀珍、王凤春：《左传全译》，贵阳：贵州人民出版社，1990年，第50页。
⑥ 吕友仁、吕咏梅：《礼记全译》，贵阳：贵州人民出版社，1998年，第20页。
⑦ 吕友仁、吕咏梅：《礼记全译》，贵阳：贵州人民出版社，1998年，第272页。
⑧ 王守谦、金秀珍、王凤春：《左传全译》，贵阳：贵州人民出版社，1990年，第836页。
⑨ 吕友仁、吕咏梅：《礼记全译》，贵阳：贵州人民出版社，1998年，第843页。
⑩ 吕友仁、吕咏梅：《礼记全译》，贵阳：贵州人民出版社，1998年，第613页。

也。”[①]礼乐皆源于对人性深切的洞察，在文质彬彬、其乐融融的氛围中圣人施为人之道、节欲之法以教化百姓。而人非圣贤，不能一味地讲原则、说道理。必须正视人的自然情感予以正确的引导疏通，“乐其道，悦其教”在如沐春风的愉悦中接受教化的洗礼。这也是圣人良苦用心之所在，孔子将“乐而不淫、哀而不伤”的《关雎》置于《诗经》的首篇，就是让人正视“食色性也”和“饮食男女人之大欲存焉”的事实，从而予以正确的引导，使之归于“发乎情止乎礼仪”的正途。《荀子·礼论》云：“礼起于何也？曰：人生而有欲，欲而不得，则不能无求，求而无度量分界，则不能不争。争则乱，乱则穷。先王恶其乱也，故制礼义以分之，以养人之欲，给人之求。使欲必不穷乎物，物必不屈于欲，两者相持而长，是礼之所起也。”[②]礼节人欲、乐导人情。所以荀子在《荀子·乐论》中说：“夫乐者，乐也，人情之所不能免也，故人不能无乐。乐则必发于声音，形于动静，而人之道，声音、动静、性术之变尽是矣。故人不能不乐，乐则不能无形，形而不为道，则不能无乱。先王恶其乱也，故制雅、颂之声以道之，使其声足以乐而不流……”[③]音乐是对人自然情感的合理释放而产生的，所以具有劝善抑邪、净化社会的功用。归根结底，礼乐都是对人心的节制和约束。《荀子·乐论》中接着说道：“且乐也者，和之不可变者也；礼也者，理之不可易者也。乐合同，礼别异。礼乐之统，管乎人心矣。”[④]所以郭店楚简《尊德义》中才说：“德者，且莫大乎礼乐。”礼乐制度是德治天下的方法和手段，德为体，礼乐为用。明白了德治与礼乐制度的关系，则儒家血脉所系、六经大旨，尽在此矣！所以荀子会发出这样的感喟：

> 《礼》者，法之大分、类之纲纪也。故学至乎《礼》而止矣，夫是之谓道德之极。《礼》之敬文也，《乐》之中和也，《诗》《书》之博也，《春秋》之微也，在天地之间毕矣。[⑤]

东周在中国历史发展长河中是一个极为重要的历史转折时期。在这个时期里，随着生产力的发展，生产关系发生了重大变革，新的土地制度、政治制度、教育制度诞生了。百家争鸣的学术氛围为后来民族国家统一意识的形成起到重要作用；这是前所未有的思想活跃的时代。所以王国维先生称赞这

① 吕友仁、吕咏梅：《礼记全译》，贵阳：贵州人民出版社，1998年，第920—921页。
② 高长山：《荀子译注》，哈尔滨：黑龙江人民出版社，2003年，第360页。
③ 高长山：《荀子译注》，哈尔滨：黑龙江人民出版社，2003年，第393页。
④ 高长山：《荀子译注》，哈尔滨：黑龙江人民出版社，2003年，第401页。
⑤ 高长山：《荀子译注》，哈尔滨：黑龙江人民出版社，2003年，第10页。

一时期为“中国之能动时代”[①]，西方人更多称中国东周这一时期为“轴心时代”。正如鲍鹏山先生所说：

> 这个时代，西方的学术界把它称为“轴心时代”。就是在人类长达几十万年甚至上百万年的漫长发展史上，从类人猿开始一直到今天，真正奠定了人类文明基础的，让人类从蒙昧时代一下子跨进文明时代门槛的，就是那短短的几百年。这短短几百年，就相当于一个知识裂变时代。实际上人类的生活应该是有基础的，而且应该有两个基础——物质基础和价值基础，其中以后者更为重要。为人要有一个价值观，要对这个世界有一个正当的判断，要能够正确地认识人类和这个世界之间的关系，然后知道什么事情是该做的，什么事情是不该做的，什么事情是对的，什么事情是错的。如果有共同的价值观，那么这一群人就可以生活在一起，构成一个民族。如果价值观不同，就不可能生活在一起，也不可能成为一个民族。人类的价值基础就是在轴心时代奠定下来的。[②]

而中国这一“轴心时代”对后世文化最大的贡献，即来自“德化天下、礼乐制度”。如果将这些核心概念追根溯源，其实皆来自《尚书》。这就是《尚书》成为中国后世帝王秘不外宣的治世法典的根本原因所在。至晚到汉代，人们还是把《尚书》捧为地位最高、最难索解，最适合教学的重要经典。其实我们现在经常挂在嘴边、对一位学者学术水平最高肯定的“大师”一词最早就是源于对《尚书》的讲解、传授之人，是极其尊崇的称呼。“大师”最早见于《史记·儒林列传》：“学者由是颇能言《尚书》，诸山东大师无不涉《尚书》以教矣。”[③]

第二节　“洪范九畴”的文教精神

一、“洪范九畴”保留下来的殷商人文精神

殷人崇鬼，率民以事鬼神。殷人的宗教信仰是以自然崇拜和祖先崇拜为主，其源头可上溯至史前时代。殷人善于渔猎，“逐水草而居”。生活生产资料多来自上天的额外恩赐，因此殷人对自然神的崇拜达到了极致。殷人的最

① 谢维扬、房鑫亮：《王国维全集》第一卷，杭州、广州：浙江教育出版社、广东教育出版社，2009年，第121页。

② 鲍鹏山：《先秦诸子八大家》，上海：上海科技文献出版社，2012年，第197页。

③（汉）司马迁：《史记·儒林列传》，北京：中华书局，1959年，第3125页。

高信仰为“帝”，是宇宙万物的主宰，王室先祖及山川河岳、风雨雷电等自然神祇为其辅佐，是人世间福祉之所系。殷人的这种族群信仰给予殷王的政权以极大的心理和意识形态上的支持，正所谓“鬼神之为德，大矣盛矣”！要在这样一片文明土壤上传播先进的文化必须假鬼神之手方有效用。

由于鬼神在殷人生活中所扮演的重要角色，我们会看到这一时期几乎所有的先进文化在诞生之初，都具有“天启神授”的特点。于是梦境神游、玄妙受孕、神物献宝、天降玉圭、河图洛书等“天启神授”的事件频繁发生。而其中最神秘的莫过于代表“天启大法”的河图洛书和“地出美玉”的玉圭神符。

（一）天启大法

东晋的王嘉在《拾遗记》卷二中记载了这样一个故事：

> 禹凿龙关之山，亦谓之龙门。至一空岩，深数十里，幽暗不可复行。禹乃负火而进。有兽状如豕，衔夜明之珠，其光如烛。又有青犬，行吠于前。禹计可十里，迷于昼夜，既觉渐明，见向来豕犬变为人形，皆著玄衣。又见一神，蛇身人面，禹因与语。神即示禹八卦之图，列于金版之上。又有八神侍侧。禹曰：“华胥生圣子，是汝耶？”答曰：“华胥是九河神女，以生余也。”乃探玉简授禹，长一尺二寸，以合十二时之数，使度量天地。禹即执持此简，以平定水土。蛇身之神，即羲皇也。①

这个故事和《尚书》中“洪范九畴”的来历颇多相似之处。首先，从来源而言两者都是神授天启，一个是“鲧则殛死，禹乃嗣兴，天乃锡禹‘洪范’九畴”；另一个是“神即示禹八卦之图”。其次，从启示传授的内容上看，一个是“洪范九畴”，也就是所谓“九丘”；另一个是“八卦”，即“八索”，而在中国文化中历来“八索九丘”并称天书。再次，大禹用“洪范九畴”治理洪水、平定天下，而在上述故事中羲皇授予大禹的玉简也是用来度量天地、平定水土。毫无疑问上述故事和“洪范九畴”出自同一个故事母题。而该类型故事对中国文化影响至深，显然《水浒传》中九天玄女神授宋江天书一事就脱胎于该故事母题。神话故事的影响远不止于教化，很多有特殊含义的概念、符号，追根溯源皆和神话有关。尤其出自“鲧禹治水”神话的“洪范九畴”在故事模式上和结构、符号上对后世都有很大影响。“洪范九畴”的教化之功可谓大矣！

①（晋）王嘉撰、（梁）萧绮录：《拾遗记》卷二，齐治平校注，北京：中华书局，1981年，第38页。

如《周易·系辞下》所言："古者包牺氏之王天下也，仰则观象于天，俯则观法于地，观鸟兽之文与地之宜，近取诸身，远取诸物，于是始作八卦，以通神明之德，以类万物之情"。圣人通过对天地万物生长、运行规律的取法来参悟宇宙自然的奥秘。同样的道理，上天如果对人间事务有所指导，往往也假借"天启大法"的形式来暗示、启发帝王、圣人。这样做的好处有三点：第一，上天的真实形象不必显现出来，避免了对形而上的本体形象进行探讨，永葆第一义的神秘性。这也正是为什么会出现"夫子之言天道与性命，不可得而闻欤"的原因，也是所有神话故事中第一义的神不直接插手人间事务的原因。第二，由于"天启大法"来路蹊跷、不循常理，更有甚者无所从来，亦无所去。所以受启示者不能以理性的方式推理、判断来解开谜底，而理性解释不了的东西只能付诸予神秘天启，所以受启示者不能不对"天启大法"给予极大的重视。第三，为什么"天启大法"降临在自己身上而非他人。受启示者很自然地以为自己是"天命所归"的受启者，这也必然激起自身无穷的力量。因为以上这些原因，从古至今，"天启大法"在中国文化中尤其在朝代更迭、政权割据、南北对峙的时候都会扮演着"挽社稷于将颓、扶大厦于将倾"，以及拨乱反正的重要角色。这类神秘事件在帝王、部族首领和圣人的身上尤其突出：

> 汉高祖观汶水，见一黄釜，惊却反。化为一翁，责言曰：刘季何不受河图？（《河图》）
>
> 孔子附，仲尼，鲁人。生不知易本，偶筮其命得旅，请益于商瞿氏，曰：子有圣智而无位。孔子泣而曰：天也，命也，凤鸟不来，河无图至，呜呼，天命之也，叹讫而后，息志停读……（《易纬乾坤凿度下》）
>
> 太湖中洞庭山林屋洞天，即禹藏真文之所，一名包山。吴王阖闾登包山之上，命龙威丈人入包山，得书一卷，凡一百七十四字而还。吴王不识，使问仲尼，诡云：赤乌衔书以授王。仲尼曰：昔吾游西海之上，闻童谣曰：吴王出游观震湖，龙威丈人名隐居。北上包山入灵墟，乃造洞庭窃禹书。天帝大文不可舒，此文长传六百初，今强取出丧国庐。丘按谣言，乃龙威丈人洞中得之，赤乌所衔，非丘所知也。吴王惧，乃复归其书。（《河图绛象》）
>
> 帝伐蚩尤，乃睡梦西王母遣道人，被玄狐之裘，以符授之曰：太乙在前，天乙备后，河出符信，战则克矣。黄帝寤，思其符，不能悉啻，以告风后、力牧。曰：此兵应也，战必自胜。力牧与黄帝俱到盛水之

侧，立坛，祭以太牢。有玄龟衔符出水中，置坛中而去。黄帝再拜稽首，受符视之，乃梦所得符也，广三寸，袤一尺。于是黄帝佩之以征，即日禽蚩尤。(《龙鱼河图》)

观于河，有长人，白面鱼身，出曰：吾河精也。呼禹曰：文命治淫。言讫，授禹河图，言治水之事，乃退入于渊。(《尚书中候考河命》)

由这些所谓的“天启大法”可以看出，帝王和圣人只是天帝派驻人间的代治者和代教者，真正的主宰只有一个，那就是天帝。天帝的旨意和帮助会在人间帝王、圣人最困难、最需要的时候以最不可思议的方式出现，而一旦出现则代表了最高裁定，任何人间的力量都不可违逆、不能违逆，如若违逆则必遭天谴。由此带来中国历史文化中一个十分有趣的现象，即人间无法摆平的事情、无法调和的矛盾，一旦假手神力则很容易解决。比如梁山好汉的座次问题，在人而言无论是谁都不可能圆满解决的问题，但将之付诸从天而降、代表天启的神秘石碑上的石碣文字则问题迎刃而解，谁都无话可说。于是，以天启昭示正朔所在、天命所归，以天启来收买人心的事件不断上演。至于天启之物从何而来，则不得而知。历朝历代造反起义之人更是熟稔其中的奥妙，因此凡是在朝代更迭时期各种类似于“泰山有大石自起立”“十八子当有天下”“苍天已死、黄天当立，岁在甲子、天下大吉”“石人一只眼，挑动黄河天下反”等谶纬之辞、儿童谚谣、天降祥瑞、神物降临等“天启”之事就格外盛行，原因就在于在对于底层百姓而言天帝最大，神道最大，永具魅力。一部中国历史可以梳理出一条清晰连贯的“人为”的“天启大法”的脉络。这可以作为神道设教的另一种解释。

（二）地出美玉

上天对人间事务的干涉、对人间帝王、圣人的启示，还有一种常见的形式就是“地出美玉”。玉因为其洁白、温润、易碎、不透明等多种属性正好吻合了中国人对德行的要求，所谓比德如玉。因此，玉代表神圣、纯洁、高尚、贵重、气节等多种高贵的品质。最重要的作为配饰的玉器不像金银器、钻石、水晶之类有着很强的坚固性，玉器佩戴在身上需要时时小心，善加保护，以防破碎，所谓战战兢兢、披褐怀玉说的就是这个意思。而这与道德的修养极其相似。人类经常会遇到各种困境、诱惑考验自己的德行操守，如不朝乾夕惕、善加呵护则容易迷失自我。一旦越轨则很可能带来丧德辱身、身败名裂的后果。因此，中国人喜欢“比德如玉”。加之玉上可以雕琢刻字、便于携带，也是平常日用之物，因此很多天启大法就可以通过玉圭、玉璜、玉简、玉蝶等美玉来昭示给人间的帝王、圣人。人间的大臣在朝堂之上手持玉圭、象牙笏向帝王上报奏章，反过来天上的天帝在启示人间帝王、圣人时假借美玉也无可厚非。玉器成了天人沟通最好的载体。史籍所载很多人间帝王、圣人都是通过“地出美玉”得到了“天启大法”。

《文选·江淹〈别赋〉》李善注引《遁甲开山图》载：

禹游于东海，得玉圭，碧色，圆如日月，以目照，目达幽冥。

《黄氏逸书考》辑《遁甲开山图》载：

禹开宛委山，得赤圭如月，长一尺二寸。

（禹）游龙门，□神采玉简授之，长尺二寸。禹执简平定水土。

《尚书中候合符后》“文王将没，召太子发曰：呜呼，我身老矣。吾语汝，我所保与守，守之哉，传之子孙。文王既没，太子发代立，是为王。武王望羊而将伐纣，吕尚曰：臣请前，臣得玉璜，刻曰：姬受命，吕佐旌。”

《湘中记》载：

衡山有玉蝶，禹案其文治水，遥望衡山如阵云，沿湘千里，九向九背，乃不复见。

《荆州记》载：

禹登南岳而祭之，获金简玉字之书，曰：“祝融司方发其英，沐日浴月百宝生”。

《绎史》卷十一转引《吴越春秋》载：

乃案《黄帝中经历》，盖圣人所记，曰：“在于九山东南天柱，号曰宛委，赤帝在阙，其岩之巅。承以玉文，覆以磐石。其书金简，青玉为字，遍以白银，皆瑑其文。”禹乃东巡，登衡岳，血白马以祭，不幸所求。禹乃登山，仰天而啸。因梦见赤绣衣男子，自称玄夷仓水使者，闻帝使文命于斯，故来候之。非阙岁月，将告以期，无为戏吟。故倚歌覆釜之山，东顾谓禹曰：“欲得我山神书者，齐于黄帝岩岳之下。三月庚子，登山发石，金简之书存矣。”禹退，又齐。三月庚子，等宛委山，发金简之书，案金简玉字，得通水之理。复返归岳，乘四载以行川。始于霍山，徊集五岳。

我们应该看到，无论是“天启”还是“地示”，其背后实际上都体现的是“受命于天”的思想，是帝王或圣人昭示自身“天命所归”的障眼法。利用的就是民众对天和命运的笃定信仰。这一点杨庆堃先生也有论述：

> 对超自然之天和命运的信仰，对于儒家学说发展成为一种普世的道德准则具有特殊意义，有助于提升信徒的道德境界，使人们超越功利思想，坚定其道德抱负与天命为一体的信念。从这个道德高度，人们才能够漠视世间的不幸，坚定天命信仰的意义。即使在面对失败的时候，仍能像孔子和孟子一样以天命为信仰。因为儒家学说被认为是与天道相统一的，而天道则是永恒的真理，不管遇到多少暂时的挫折，只要永不放弃努力，总有一天能获取胜利。这样，从积极方面看，天命信仰唤醒了道德的力量；而从消极方面看，在这一信念的支撑下，世世代代的人们都对儒家学说的正确性坚信不疑，即使其光芒暂时黯淡或者某人遭受失意人生。（儒学中的宗教因素）赋予整个学说一种神圣的和决定性的特征，因此，千百年来儒学才得以力保其作为国家正统的地位，在传统社会中推行其社会、道德价值。[①]

而《尚书》中所谓的的“洪范九畴”也是源于天启，与河图洛书有极其密切的关系。相传大禹因治水之功得到上天垂赐的《洛书》，即神龟驮“洛书”献大禹。《周易·系辞上》曰：“河出图，洛出书，圣人则之。”[②]治水成功，辟天下为九州。而“河图洛书”“八索九丘”也成了中国文化中最具神秘色彩的“天启大法”。

“河图洛书”之说，最早见于《尚书·顾命》篇。其中记载：“大玉，夷玉，天球，河图，在东序。”[③]孔安国为《尚书·顾命》作传：“伏羲王天下，龙马出河，遂则其以画八卦，谓之河图。”《周易·系辞上》云：“是故天生神物，圣人则之；天地变化，圣人效之；天垂象，见吉凶，圣人象之；河出图，洛出书，圣人则之。”[④]《周易·系辞》明确提出圣人以河图洛书为效法的对象。相近的叙述在《论语·子罕》及《管子·小臣》篇等也多有提及。《论语·子罕》称：“子曰：凤鸟不至，河不出图，吾已矣夫！”[⑤]《管子·小匡》载：“夫凤凰之文，前德义，后日昌，昔人之受命者，龙龟假，河出图，洛出书，地出乘黄，今三祥未见有者。”[⑥]《汉书·五行志》载：“刘歆以为虙羲氏继天而王，受《河图》，则而画之，八卦是也；禹治洪水，

① 杨庆堃：《中国社会的信仰》修订版，范丽珠译，成都：四川人民出版社，2016年，第199—200页。
② 宋元人注：《四书五经·周易》卷三，北京：中国书店，1985年，第63页。
③ 宋元人注：《四书五经·书经》卷六，北京：中国书店，1985年，第125页。
④ 宋元人注：《四书五经·周易》卷三，北京：中国书店，1985年，第63页。
⑤ 宋元人注：《四书五经·论语》卷五，北京：中国书店，1985年，第37页。
⑥ 刘柯、李克和：《管子译注》，哈尔滨：黑龙江人民出版社，2003年，第156页。

赐《洛书》，法而陈之，洪范是也。”[①]也就是说刘歆认为河图为八卦，“洪范九畴”为洛书。关于“洪范九畴”是否就是“洛书”，是否就是“九丘”，我们暂且不谈，但有一点不可否认，那就是“洪范九畴”在中国文化中有极其重要的地位。

（三）洪范九畴

《洪范》是《尚书》中的重要篇目，也是历来研究上古时期政治、文化、哲学的重要典籍。周武王十三年（前1122）周灭殷后，周武王曾向商纣王的叔叔箕子征询治国的方略，据传箕子根据《洛书》，详细阐述了治理天下的九种大法，史官记录了他的话，写成《洪范》。

《史记·周本纪》载：

> 武王已克殷，后二年，问箕子殷所以亡。箕子不忍言殷恶，以存亡国宜告。武王亦丑，故问以天道。[②]

按其时，《洪范》当作于周武王时期。关于“洪范”的含义历来有两种解释：（1）洪，通宏，大也；范，规范，法也，洪范即大法。（2）洪为洪水，范为方法，洪范即治理洪水的方法。大禹因治水而彻悟治理天下之法，将治水之法推广到治理天下之法，两者有相通之处。所以洪范就是由治水之法引申出的帝王治理天下的方法。很多人认为《洛书》实际上就是洪范九畴。《洪范》中的九畴之法65字即为《洛书》。即初一曰五行；次二曰敬用五事；次三曰农用八政；次四曰协用五纪；次五曰建用皇极；次六曰乂用三德；次七曰明用稽疑；次八曰念用庶征；次九曰向用五福，威用六极。

我们先来看看《洪范》的原文：

> 惟十有三祀，王访于箕子。王乃言曰：“呜呼！箕子！惟天阴骘下民，相协厥居，我不知其彝伦攸叙。”
>
> 箕子乃言曰：“我闻在昔，鲧堙洪水，汩陈其五行，帝乃震怒，不畀洪范九畴，彝伦攸斁。鲧则殛死，禹乃嗣兴。天乃锡禹洪范九畴，彝伦攸叙。
>
> 初一曰五行；次二曰敬用五事；次三曰农用八政；次四曰协用五纪，次五曰建用皇极；次六曰乂用三德；次七曰明用稽疑；次八曰念用庶征；次九曰向用五福，威用六极。
>
> 一，五行：一曰水，二曰火，三曰木，四曰金，五曰土。水曰润

① （汉）班固：《汉书》，北京：中华书局，1962年，第1315页。
② （汉）司马迁：《史记·周本纪》，北京：中华书局，1959年，第131页。

下，火曰炎上，木曰曲直，金曰从革，土爰稼穑。润下作咸，炎上作苦，曲直作酸，从革作辛，稼穑作甘。

二，五事：一曰貌，二曰言，三曰视，四曰听，五曰思。貌曰恭，言曰从，视曰明，听曰聪，思曰睿。恭作肃，从作乂，明作哲，聪作谋，睿作圣。

三，八政：一曰食，二曰货，三曰祀，四曰司空，五曰司徒，六曰司寇，七日宾，八曰师。

四，五祀：一曰岁，二曰月，三曰日，四曰星辰，五曰历数。

五，皇极：皇建其有极。敛时五福，用敷锡厥庶民。惟时厥庶民于汝极。锡汝保极：凡厥庶民，无有淫朋，人无有比德，惟皇作极。凡厥庶民，有猷有为有守，汝则念之。不协于极，不罹于咎，皇则受之。而康而色，曰予攸好德，汝则锡之福。时人斯其惟皇之极。无虐茕独而畏高明。人之有能有为，使羞其行，而邦其昌。凡厥正人，既富方谷，汝弗能使有好于而家，时人斯其辜。于其无好德，汝虽锡之福，其作汝用咎。无偏无陂，遵王之义；无有作好，遵王之道。无有作恶，尊王之路。无偏无党，王道荡荡；无党无偏，王道平平。无反无侧，王道正直。会其有极，归其有极。曰皇极之敷言，是彝是训，于帝其训。凡厥庶民，极之敷言，是训是行，以近天子之光。曰天子作民父母，以为天下王。

六，三德：一曰正直，二曰刚克，三曰柔克。平康正直，强弗友刚克，燮友柔克。沈潜刚克，高明柔克。惟辟作福，惟辟作威，惟辟玉食。臣无有作福、作威、玉食。臣之有作福、作威、玉食，其害于而家，凶于而国。人用侧颇僻，民用僭忒。

七，稽疑：择建立卜筮人。乃命卜筮，曰雨，曰霁，曰蒙，曰驿，曰克，曰贞，曰悔，凡七。卜五，占用二，衍忒。立时人作卜筮，三人占则从二人之言。汝则有大疑，谋及乃心，谋及卿士，谋及庶人，谋及卜筮。汝则从，龟从，筮从，卿士从，庶民从，是之谓大同，身其康强，子孙其逢，吉。汝则从，龟从，筮从，卿士逆，庶民逆，吉。卿士从，龟从，筮从，汝则逆，庶民逆，吉。庶民从，龟从，筮从，汝则逆，卿士逆，吉。汝则从，龟从，筮逆，卿士逆，庶民逆，作内吉，作外凶。龟、筮共违于人，用静吉，用作凶。

八，庶征：曰雨，曰旸，曰燠，曰寒，曰风。曰时五者来备，各以其叙，庶草繁庑。一极备，凶。一极无，凶。曰休征：曰肃，时雨若；曰乂，时旸若；曰晰，时燠若；曰谋，时寒若；曰圣，时风若。曰咎征：曰狂，恒雨若；曰僭，恒旸若；曰豫，恒燠若；曰急，恒寒若；曰蒙，恒风若。曰王省惟岁，卿士惟月，师尹惟日。岁月日时无易，百谷用成，乂用民，俊民用章，家用平康。日月岁时既易，百谷用不成，乂用昏不明，俊民用违，家用不宁。庶民惟星，星有好风，星有好雨。日月之行，则有冬有夏。月之从星，则以风雨。

九，五福：一曰寿，二曰富，三曰康宁，四曰攸好德，五曰考终命。六极：一曰凶短折，二曰疾，三曰忧，四曰贫，五曰恶，六曰弱。”①

意思是：在周武王十三年，武王访问箕子。武王对箕子说：“啊呀！箕子，上天笼罩着下方人民。怎样才能协和共处，我还不知道此中的伦理和头绪。”

箕子下拜说：“我曾听说在古代，鲧掩阻洪水，却扰乱了五行气运。尧帝因此震怒，因此不授予他洪范和九策，致使他丧败伦理。结果鲧被杀死，大禹取代而兴起。于是帝尧就赐予大禹洪范及九策，伦理才得以有秩序。

第一筹策是关于五行。第二筹策是关于敬用五事。第三筹策是关于慎用八政。第四筹策是关于和谐运用五纪。第五筹策是关于建立皇极。第六筹策是关于运用‘三德’。第七筹策是关于明哲而清除疑虑。第八筹策是关于验察各种征兆。第九筹策是关于享用五福和小心危害人的‘六殛’。

第一大筹策是善于利用五行。

五行一是水，二是火，三是木，四是金，五是土。水性湿润向下。火性炎热向上。木性能曲能直。金性可以削割。土性可以种植庄稼。

水性湿润向下其味咸涩。火性炎热向上其味焦苦。木性能曲能直，其味酸。金性利割，其味辛。还有稼谷，其味甘甜。

第二大筹策是善用五事。

一是注重外貌，二是注重言辞，三是注重察视，四是注重辨听，五是注重思考。

①（清）孙星衍：《尚书今古文注疏》，陈抗、盛冬铃点校，北京：中华书局，1986年，第292—320页。

外貌要恭敬，言说要顺从人心。察视要明亮，听觉要聪慧，思考要深刻。貌恭使人敬。顺从人心才能安治，明辨产生智慧，聪明产生谋略，思维宽广深刻才能成为圣人。

第三大筹策是关于八大政事：一是采食，二是货流，三是祭祀，四是工程，五是治理田土，六是整治寇盗，七是外交礼宾，八是用兵军事。

第四大筹策是关于五种纪时：一纪根据岁星的运行，二纪根据月亮的运行，三纪根据太阳的运行，四纪根据星辰的运行，五纪根据历算。

第五大筹策是关于建立皇极。

君王必须设立准则，掌握五福，用以赏赐民众。如是则众民才会以你为中心，奉献于你、保护于你。

要防范你的臣民！不要让他们结成朋党，不要让他们包藏私心，而以唯一的君王为中心。

要防范你的臣民，他们都有计谋、有作为、有私属。要小心！如果他们不服从中央，不服从管教，君王就须管教他们。

要节制享乐，节制好色。要告诉人民说：我只爱好美德。你要赐有德行者以奖掖。以这种人为代表君王的榜样。

不要虐待孤独者，而畏妒高明者。让人们施展其才能作为，让他们发展，这样邦国才会得到昌盛！

要防止那些为官长者。如果他们只顾自己富裕，你就无法支配他们！只要有人比你还富，这种人就是罪人！

这种人没有善德，即使赏赐他幸福，他也会对你作出罪孽！

不要偏不要歪，要遵循君王的礼仪。不需要做得更好，只要遵循君王之道。不可能做得不好，只要严守君王之路。不要有偏私，不要结私党，君王之道必须宽阔坦荡。

不要结私党不要有偏私，君王之道才能平顺。不要反复不要曲折，君王之道应当正直。

会合于中央，依归于中央，依据中道而发布言论。立准则立教训，都要以上帝为遵循。要防范那些众民，如果君王没有发言就自作主张而行动，这是盗取天子的光明。只有天子才是民众的父母，也是天下的君王！

第六大筹策是关于三德。一德是正直，二德是刚强，三德是柔韧。

保持平静，正直。强大但不要一味倔强，还要善用柔韧。潜藏刚强，发扬柔韧。

尤其要避免大享其福，尤其要避免炫耀威风，尤其要避免美食纵欲。不要让臣下贪于享福、显威、美食，这会危害你的家族，危害你的邦国！人好此则会偏邪，民众好之则会邪恶！

第七筹策是关于决疑、择吉。首先要选立善于卜筮之人，而命令他进行卜筮：是否下雨，是否天晴，是否有雾蒙，是否可以旅行，是否可以克敌，是否正顺，是否有反变，一共七项。前五种是龟象，后二种是卦象，推演变易。

选立筮人做卜筮，要使用三个人，而听从其中两个人的占言。如果你有重大的疑问，首先要在你自己心中思谋，然后与你的卿士们谋议，然后再与卜筮为谋。

如果你认为可以从事，龟卜认为可从，占卜认为可从，卿士也认为可从，民众也认为可从，这叫‘大统一’。你身体会康健，子孙会旺盛。大吉！

如果你认为可以从事，龟卜认为可以，占筮认为可从，卿士们却反对，众民反对，那么做其事吧，也会吉祥！

如果卿士们想做，龟卜认为可从，占筮认为可从，只有你反对，众民反对，那么做其事吧，吉祥！

如果众民们想做，龟卜认为可从，占筮认为可从，只有你反对，众民反对，那么做其事吧，也吉祥！

如果你想做，龟卜认为可从，占筮反对，卿士反对，庶民也反对，那么如果是你的家事则吉，国事则凶。

如果龟卜占筮都反对，那么守静则吉，事则凶。

第八筹策是关于各种征兆。就是关于雨，关于旸，关于炎热，关于寒冷，关于刮风。这五兆按时而来，各顺其序，则草木繁茂。如果其中某一种盛大，另一种缺少，则会发生凶荒。

以下是喜兆。君政严肃，则雨会顺时而来。君政安宜，则晴朗顺时而来。君政明哲，则天候不会过热。君政有远谋，则天候不会过冷。君政圣明，则和风会顺时而至。

以下叫作恶兆：君政狂野，则雨下不止。君政僭位，则大旱不止。君政安豫，则天气炎热不止。君政急苦，则天气寒冷不止。君政昏蒙，则大风不止。

要注意：君王应当每岁巡视国家，卿士要每月出巡，师尹要每日出巡。

如果岁月日时不乱，则百谷大成，收获丰大。众民日用充足，家国安康。

如果岁月日时紊乱，则百谷种不成，没有收获，众民日用缺少，国家就不得安宁。

庶民的征兆是星象。星会预兆好风，星会预兆好雨。由于日月运行，造成冬和夏。月亮伴从星象，预兆着风和雨。

第九筹策是关于五福：一是寿，二是富，三是康宁，四是大好之德，五是长寿之命。

还要注意六种灾咎：一是关于凶死、短命、夭折。二是关于疾病，三是关于忧愁，四是关于贫穷，五是关于邪恶，六是关于衰弱。”①

“洪范九畴”提出的九种治世大法可以概括为：（1）提出自然界的五种基本构成属性（水、火、木、金、土）。（2）提出了理想人格生活仪轨的五个标准（貌、言、视、听、思）。（3）提出了治国理政的八大政事。（4）提出了天文历法的五种秩序（岁、月、日、星辰、历数）。（5）如何建立皇极中德。（6）圣人应该具备的三种德行（正直、刚强、柔韧）。（7）如何通过占卜来释疑解惑。（8）自然天象的各种征兆。（9）如何趋五福、避六凶。

九种大法再简单一些可以概括为：（1）自然五行。（2）圣德五事。（3）国事八政。（4）天文五纪。（5）皇极中德。（6）圣王三德。（7）卜筮决疑。（8）休咎五兆。（9）五福六灾。

我们可以看到“洪范九畴”所涉及的范围是非常广的，包含了自然、天文、历法、圣德、国政、灾异、占筮等方面上古时期的国君所要面对的重要事情。其中我们抛开在当时而言非常重要的占筮、灾异等现在看来颇具神秘色彩的事物，以理性、科学的眼光再去审视“洪范九畴”，会发现其中仍然蕴含着许多十分宝贵的治世思想，是中华文明思想宝库中珍贵的历史遗存。总体而言体现在以下四个方面：

（1）第一次提出了对中国文化产生巨大影响的“五行”学说。其中蕴含的自然科学的思想早于古希腊的泰勒斯、阿那可西曼德、阿那可西米尼等人。

① 何新：《大政宪典·〈尚书〉新考》，北京：中国民主法制出版社，2008年，第354—358页。

（2）明确提出了圣人的标准“五圣”“三德”及理想人格生活仪轨的标准。

（3）跳出了商朝人神权统治的圈子，提出了德治的重要思想。可以将它看作神治和人治的转折点和分水岭。如方东美先生所说：“中国先民在其神秘化之宗教经验中，皆将其生活泯入某种可怖而主宰一切之神力，且接受之，浑不自觉。而其政治领袖皆假神权天授之名，以统治之、驾御之，极可能据有一种强制性之威权，政教合一集于一身，要求一切被统治者向其归顺服从，如奴隶一般。”①通过对第七筹策择吉、决疑的解读可以看出，帝王的决策会受到来自占筮、龟卜、卿大夫、百姓及自己的意愿五方面的影响。抛开自己的心意不谈，其他来自天意和人心方面各占一半，但可以看到“九筹”建议，只要是卿大夫和民众认可想做的事，哪怕有诸多的反对力量，也应该去做，而结果也一定是吉祥的。可见，占筮和龟卜这种来自天意的昭示仅是作为参考，不起决定性作用。同时帝王的权力也仅在其家事中可率性而为，至于国事，如果置卿大夫和百姓的反对意见于不顾，一意孤行则妄动则凶。这是从神治走向人治的巨大进步。

（4）中国文化中“崇九”的思想当源于“洪范九畴”。所谓的“九州”“一言九鼎”的说法也源于此。《史记·孟子荀卿传》云：“儒者所谓中国者，于天下乃八十一分居其一耳。中国名赤县神州。赤县神州内有九州，禹之序九州是也，不得为九州数。中国外如赤县神州者九，乃所谓九州也。”《拾遗记》卷二载：“禹铸九鼎，五者以应阳法，四者以象阴数。使工匠以雌金为阴鼎，以雄金为阳鼎。鼎中常满，以占气象之休否。当夏桀之世，鼎水忽沸。及周将末，九鼎咸震。皆应灭亡之兆。后世圣人，因禹之迹，代代铸鼎焉。”

而在这九畴中最重要的思想当属“自然五行”。五行的思想起源于上古天文历法之学，行，指五气之行运。孙星衍《尚书·洪范》疏中引郑康成说：“行者顺天行气。”《管子·五行篇》云：“作立五行以正天时，五官以正人位。”《礼记》载：“播五行于四时，和四气而后（日）月生。”可见最初“五行”的本义并非指金木水火土五种物质，而是与中国农业文明的背景密切相关的五物之气，即，金气、木气、土气、水气、火气。《尚书·洪范》云：“水曰润下，火曰炎上，木曰曲直，金曰从革，土爰稼穑。润下作咸，

① 刘梦溪：《中国现代学术经典·方东美卷》，石家庄：河北教育出版社，1996年，第85页。

炎上作苦，曲直作酸，从革作辛，稼穑作甘”。《春秋繁露·五行之义》对此有详细的解释：“天有五行：一曰木，耳曰火，三曰土，四曰金，五曰水。……是故木居东方而主春气，火居南方而主夏气，金居西方而主秋气，水居北方而主冬气。是故木主生而金主杀，火主暑而水主寒。”①五气运行而成五风，五风运行而导致节气的变化、四季的更迭。后来“五行”思想被阴阳家奉为圭臬，与所谓“五德”的“生、长、化、收、藏”的思想结合起来，对儒家的天道观、人道观和天文历法也产生了很大的影响。这种被阴阳家改造过的“五德终始之说”的流毒所致连太史公也未能免俗。司马迁在《史记·六国年表》中说：“或曰：‘东方物所始生，西方物之成熟’。夫作事者必于东南，收功实者常于西北。故禹兴于西羌，汤起于亳，周之王也以丰镐伐殷，秦之帝用雍州兴，汉之兴自蜀汉。”②很显然，所谓的“作事者必于东南，收功实者常于西北”这一没有任何科学依据的论断，来自“五行”思想中西方的“金”可以克东方的“木”；北方的“水”可以克南方的“火”，所以说“作事者必于东南，收功实者常于西北”。因为东方的“木”主四季之“春”，主“五德”之“生”；西方的“金”主四季之“秋”，主“五德”之“收”。所以说“东方物之所始生，西方物之所成熟”。根据“五行生克”的道理，西方的金克东方的木，即司马迁所说“西方物之所成熟”。因为大禹最终继承大统，坐稳天下，而所谓的“禹兴于西羌”的说法，完全是后人对大禹功业的推崇，希望他的统治能够千秋万世地延续下去，这和后世常说的“吾皇万岁万岁万万岁”并无差异。如果对号入座认为大禹真的兴于西羌则有失呆板了。

通过对“洪范九畴”的文本解读，我们会发现其中谈到的自然五行、圣德五事、国事八政、天文五纪、皇极中德、圣王三德、卜筮决疑、休咎五兆、五福六灾等几乎全是教导帝王如何顺天应时、立德修身、治国理政，只字未提如何治理水患。那何以尧要赐予大禹“九畴”以助其治水，箕子何以要借此警示周武王？仔细分析其实原因很简单。被冠以“治水大法”的九策，实际上就是尧多年统驭天下的治国理政经验总结出的“治国大法”。在古人眼中治水和治国的道理是相通的。如果明言“治国大法”则很容易引人觊觎，所以尧才给它披了一件“治水大法”的外衣以便于流播后世。前面我们已经考证了尧通过治水对大禹考验之后传给他的“洪范九筹”实际上就是

① 苏舆：《春秋繁露义证》卷十一《五行之义》，钟哲点校，北京：中华书局，1992年，第321—322页。
②（汉）司马迁：《史记》卷十五《六国年表》，北京：中华书局，1959年，第686页。

治世大法，这就等于宣告了大禹是自己退位以后的接班人。这既是对大禹兢兢业业治水之功德表彰，也含有对当年盛怒之下妄杀其父鲧的一种补偿心理。我们经常讲尧、舜、禹的禅让，误以为大禹是舜选出的接班人，其实从尧赐予大禹“洪范九畴”治世大法的那一刻开始，大禹已经被内定为接班人了。

也正因为上述原因，以农业立国，水患横行千年的中国在大禹之后的历代帝王没有一个人真的去用“洪范九畴”治水，倒是纷纷把它作为秘不外宣的大法来治国理政。

二、“洪范九畴”中的“五行之水”与“自然之水”

“五行”一词最早见于《尚书·洪范》曰：“初一曰五行……一曰水，二曰火，三曰木，四曰金，五曰土。水曰润下，火曰炎上，木曰曲直，金曰从革，土爰稼穑。润下作咸，炎上作苦，曲直作酸，从革作辛，稼穑作甘。”① 后世更多人认为“五行”这种提法出自“洪范九畴”。它被看作箕子总结的殷朝人文学术思想的哲学基础，而且具体的说明是根据物理的五行而来。因此也被看作是大禹承接尧舜文化传统观念的中心思想。今文《尚书》中提及“五行”的还有《甘誓》和《大禹谟》两篇。《甘誓》曰：“有扈氏威侮五行，怠弃三正”。所谓“五行”是指水、火、木、金、土，这里是指王者相承的五德终始之说。所谓“三正”是指夏正建寅、殷正建丑、周正建子而言，即夏商周三代分别以寅月、丑月、子月作为正月，三代王者受命必改正朔以彰显与前朝的不同。“有扈氏威侮五行，怠弃三正”，在这里五行代表的是天地的秩序，有扈氏挑战天地间的秩序，难怪最后要被大禹诛杀了。同样在《尚书》的《大禹谟》篇中也明确地提出了“五行”的概念。大禹曰：“於！帝念哉！德惟善政，政在养民。水、火、木、金、土、谷，惟修；正德、利用、厚生、惟和。九功惟叙，九叙惟歌。戒之用休，董之用威，劝之以九歌，俾勿坏。”②

20 世纪 70 年代，长沙马王堆汉墓出土了著名的《五行》帛书，有专家通过比较认为它有可能是曾子或孟子的作品。“内容是宣扬儒家唯心主义思想的，文体与《大学》相近，鼓吹‘慎独’，主张‘性善’，词句中也套用

① （清）孙星衍：《尚书今古文注疏》，陈抗、盛冬铃点校，北京：中华书局，1986 年，第 293 页。
② 何新：《大政宪典·〈尚书〉新考》，北京：中国民主法制出版社，2008 年，第 63 页。

《孟子》的话”[1]。《五行》帛书中把“五行”与儒家推崇的五种人的品格结合起来，即所谓的“五德”，明确了德和道德关系，即德是道之用，道是德之体。帛书《五行》中说：“五行皆刑（形）于阙（厥）内，时行也，胃（谓）之君子。”“德之行五，和胃（谓）之德；四行和胃（谓）之善。善，人道也。德，天道也”。[2]帛书《五行》的出现对于我们研究五行思想有非常重要的意义。主要体现在两方面：（1）我们知道，“五行”最早出于《尚书·洪范》，而《尚书》主要探讨“德”的问题，这一点前文已经论述。但在“洪范九畴”中提到的“五行”并没有直接和“德”扯上关系，第一次出现是在帛书《五行》，这就等于对“洪范九畴”中的“五行”有了一个更加详尽的解释。（2）帛书《五行》中第一次出现了“德之行五”的说法，并将它与“五行”相对应，这与“五德终始之说”应该有一个先后承继的关系。

而真正使五行之说大行其道、广为流传的是阴阳家的代表人物邹衍的阴阳五行理论。它一度成为阴阳家和儒家破译天意和天命的一种最重要的理论和方法。与《易经》一样，五行这一理论也带有某种原生科学的意味，但它对儒学的影响却微不足道，它最重要的影响在于将天人之间的互动视为必然的结果。如杨庆堃先生所言：

> 上天对人类道德行为的好恶具体表现为各种征兆，而天人合一则提供了标准化的解释。同样影响深远的是，人类的内涵本身就是与阴阳五行诸要素的每一项具体相对应的，并由此建立起一个参考框架，用以解释天道运转、王朝更替、生死轮回、疾病健康、贫穷富庶、卜筮、首相、面相、星象、扶乩及风水。借助预兆和这套参照框架，就有可能对宇宙间的自然现象和个人生活中的私密事件做出超自然的解释。随着阴阳五行理论的发展，天与命逐渐成为人们能够把握东西的具体表达。[3]

五行之说不再是一套空洞的理论，而是与国家政权的更迭、人民生活的方方面面紧紧联系在一起。因此到了汉代，儒家普遍开始心悦诚服地信奉阴阳五行学说。《汉书·艺文志》中所列举的书籍有 1/4 到 1/3 都谈到了阴阳五行理论，可见阴阳五行理论在汉代已经成为显学。特别是汉代的儒生董仲舒，给汉武帝上书天人三策，以天人感应论的思想左右了王朝的意识形态，形成了“罢黜百家、独尊儒术”的局面。在其大作《春秋繁露》中共收录了

① 韩仲民：《长沙马王堆汉墓帛书概述》，《文物》1974 年第 9 期，第 41 页。
② 国家文物局古文献研究室：《马王堆汉墓帛书·老子甲本及卷后古佚书》，北京：文物出版社，1980 年，第 17 页。
③ 杨庆堃：《中国社会的信仰》修订版，范丽珠译，成都：四川人民出版社，2016 年，第 197 页。

23 篇关于天之超自然本质及阴阳五行等方面的文论，占到整部著作所有文章篇数的一半。汉代以后的儒家学者将阴阳五行理论的影响更加广泛应用于对儒家经典的阐释之中，使得后世儒家思想一直没能摆脱阴阳五行思想。以致儒家涉及社会关系和社会价值的很多术语，如五伦、五礼、五德、五刑等，都带有从“五行”这一说法中抽取而得的这个半神圣性的数字。①

阴阳五行学说为上天的意志和国家事务之间的关系提供了一套神秘的解释，把王朝权力的更替和阴阳五行运行的预定结合起来，这就是帝王们最感兴趣的所谓“五德终始之说”。后来这种神学理论又衍生出通过阴阳五行体系对所有个人宿命的预言。如杨庆堃先生所言：

> 阴阳五行说和在时空神秘运行体系中的星体运动有关，并决定了个人命运的走向。……实际上，凭借对事件发生之际时空的控制，占卜和风水体现了一种宗教观念的和谐体系，包括信仰“天”“地”具有预定万事万物发生过程的力量。正因为人们相信上天能够控制个人生活的命运，所以他们接受了“天命”的观念和皇权至高无上的神圣性。否则，作为一种政治宗教仪式，对天的崇拜有可能远离民众日常的经验生活。从这种意义上讲，阴阳五行神学体系具有连接国家事务的超自然基础和人们日常生活的作用。②

阴阳五行学说构建的社会体系促使百姓形成了较为稳定的心理结构。“接受社会和政治生活天定论，形成了一种‘顺天、应时、知足、信命’的民众态度，这种态度最有利于巩固封建统治者的权力地位。但是，尽管世间之事无法避免由上天注定，为了让民众心悦诚服，上天决定论必须有道德内容。于是，需要对民众反复灌输皇权本身的道德意义，从而产生政治稳定所必需的道德政治秩序，正是在这个过程中，宗教开始扮演另一种对政治产生影响的角色”③。这种思想与儒家的德治结合起来，对社会的稳定具有极大的作用。

> 儒家反复强调德治，反对以力服人或以法治的手段来统治天下，比如儒学的核心概念“政教”，强调通过教化的方式来治理的原则。正统儒学思想包括强烈的道德价值，希望借此来影响封建政权，特别是对那些不是通过正常继承、而是以武力打天下的方式获得政权的开国皇帝

① 徐文珊：《儒家和五行的关系》，顾颉刚：《古史辨》第五册，上海：上海古籍出版社，1981 年，第 669—703 页。

② 杨庆堃：《中国社会的信仰》修订版，范丽珠译，成都：四川人民出版社，2016 年，第 108—109 页。

③ 杨庆堃：《中国社会的信仰》修订版，范丽珠译，成都：四川人民出版社，2016 年，第 110 页。

们，更是百般强调马上得天下，不能马上治天下的道理，权力的道德化给予政权一种仅凭武力永远无法达到的稳定的印象。[①]

但是，道德政治秩序的有效运行在一定程度上依赖于宗教的影响，尤其是在中国这样的传统社会。一个明显的原因是，宗教能够激发民众的敬畏心，以及对道德政治秩序不可抗拒的普遍宿命感，其中已包含有宗教成分；另一个原因是，在长期的实际运作中没有任何一种道德体系、道德政治秩序是永远正确或毫无瑕疵的。和我们的个人生活经历一样，历史也是充满了有违道德的成功和由伦理上不公平带来的耻辱。这些事实必然会引起人们对道德政治秩序合理性的怀疑，甚至有人借此类现象动摇道德在民众心目中的地位。这里，超自然的宿命观开始发挥作用，并有助于弥补世俗政治体系中曾有的道德失误。[②]天人沟通最便捷的方式莫过于祭祀。因此，官方对“天”的祭祀仪式，必然会推衍出“天人合一”的理论。人与自然被想象为一个和谐相处的共同体。当时，无论是古代统治者还是臣民，做了邪恶的事情时，就意味着扰乱了宇宙的和谐秩序；因此，“天”的反应或警告于前，或惩罚于后。上天的警告可能以各种异常的自然现象形式出现，例如，日食，尤其在如元旦这样不同寻常的日子；彗星的出现、流星或者人或者动物的怪胎的出生。惩罚表现为干旱、洪灾、不合时令的降雨雪、地震、大火及雷电的破坏。当不祥之兆出现或者惩罚降临时，就到了人纠正行为方式、赎罪并设法恢复宇宙和谐秩序的时候。[③]在阴阳五行学说中，个人的行为直接关乎天道的运行，每个个体都要以自己的行为为天道负责。而神灵无处不在，时时刻刻监视着你的行为。因此，所谓的“天人合一”实际上是一种诉诸神灵的教育、约束、惩戒的一整套治理模式，是封建社会治理体系中成本最低、效果最优的一种选择。

《尚书·洪范》最初提到的“五行”之中的五种元素并非实指，乃是典型的“取象比类”的手法。所谓“取象比类”，指运用带有感性、形象、直观的概念、符号表达对象世界的抽象意义，通过类比、象征方式把握对象世界联系的思维方法。具体地说，就是在思维过程中以“象”为工具，以认识、领悟、模拟客体为目的的方法。取“象”是为了归类或比类，即根据被研究对象与已知对象在某些方面的相似或相同，推导它们在其他方面也有可

① 杨庆堃：《中国社会的信仰》修订版，范丽珠译，成都：四川人民出版社，2016年，第111页。
② 杨庆堃：《中国社会的信仰》修订版，范丽珠译，成都：四川人民出版社，2016年，第111页。
③ 杨庆堃：《中国社会的信仰》修订版，范丽珠译，成都：四川人民出版社，2016年，第111—112页。

能相似或类同。取象的范围不是局限于具体事物的物象、事象，而是在功能关系、动态属性相同的前提下可以无限地类推、类比。中国上古文化中这种“取象比类”的思维方式极其发达。以《易经》为例，就用最简单的阴阳二爻来表现自然界最常见的八种自然现象：天、地、雷、风、火、山、水、泽。进而推广到宇宙、自然、人生的六十四种现象。《周易·系辞传》曰：“易者，象也。象也者，像也。”也就是用较为常见、典型的概念符号代表具有相似属性的一类事物。“夫象，圣人有以见天下之赜，而拟诸其形容，象其物宜，是故谓之象”。即《庄子·天道》所说：“意之所随者，不可以言传。”正因为言不尽意、词不达意，语言表征功能的有限性，圣人不得已才“取象比类”。这就是《易传·系辞传》所说八卦是“立象以尽意，设卦以尽情伪。”

知道了“取象比类”的手法，我们再来看“五行”就容易了很多。木，是代表生发力量的展放性能。在这个物质世界中，生命延续、不断的功能最显而易见的便是草木勃发的生机。表示宇宙万有的生命具有生生不已的功能。诗歌中经常会以草木代表自然界的勃勃生机。例如，野火烧不尽，春风吹又生。又如，“雨后山中蔓草荣，沿溪漫谷可怜生。寻常岂藉栽培力，自得天机自长成”。草木的生长并非栽培之力，而是“自得天机自长成”，这里的天机指的就是生命自然的生发力量。水，代表冻结含藏的潜降性能，所以水以冷静、理性、变动的智慧为象征。所谓“仁者乐山、智者乐水”就是这个意思。而火具有光辉而有热力的上升性能，因此火代表温度、热情、力量、向上。土，是万有与人类立足点的基本，我们所有的文化文明，都是立足在地球上的成果，所以后世阴阳家的思想中便说“四象五行皆藉土”就是这个意思。万物的生长需要一个稳定肥沃的土壤，因此土代表化生万物、孕育万物的平稳的运动性能。在五行的支配下，万物都被纳入宇宙的“生、长、化、收、藏”的循环运行规律中去。五行思想对中国后世的军事、政治、堪舆、建筑、中医等几乎所有的文明载体都产生了无比巨大的影响，是东方文明与西方文明最根本性的区别之所在。尤其在秦汉以后，一些阴阳家把五行的变化理论用在政治思想上，作为历代帝王政权变更的理论根据，提倡历史治权的所谓“五德终始之说”以取媚人主，“五行”思想成了未卜先知的历史发展的定律，更是给“五行”蒙上了一层极其神秘的面纱。

通过上面的分析，我们知道所谓“五行”是指自然万物的五种最基本的生长运行方式，绝不单指“金、木、水、火、土”五种基本元素。而“五行”这个说法第一次也是出现在“大禹治水”进入困境时上天所启示的治水大法“洪范九畴”中，由此可以断言“大禹治水”的“水”绝不仅仅指“自然之水”，而是象征“五行之水”。关于“自然之水”和哲学意义上的“水”的区别，下面这一段妙论可以帮我们理解两者之间的差异：“再如，泰勒斯肯定，水是最基本的元素，人们很明白他所指的是什么。水可以采取所有的形式，水孕育了生命，甚至在人身上，也是湿润的元素与生育有着关系。而与死亡、衰老相关的一切都是某种干涸。”①

既然“大禹治水”治的是“五行之水”，那就还有更深层次的含义。大禹统治之时正值由传统的游牧、渔猎、采摘文明向农耕文明嬗变的关键时期，虽经尧、舜二世筚路蓝缕的革新努力，但文明的进程始终遇到天灾、人祸的重重阻力，各种传统保守的力量，或直接反对或暗中作梗，使文化变革几乎陷于停滞。舜宅心仁厚，始终采取的是“以文化之”的文化羁縻之道，所谓“远人不服则修文德以来之”，很少采用雷霆万钧的武力征伐手段完成大一统的事业。因此，舜对于像“扶风氏”“九夷族”这样的冥顽不化的部族首领始终只能是“望洋兴叹”。后来大禹积治水之功而承继帝位一反舜的策略，开始“以文化之，以武劓之”的两手抓策略，对于逆历史潮流而动的“扶风氏”“九夷族”进行武力征伐，绝不手软。《墨子·非攻下》云：“昔者有三苗大乱，天命殛之，日妖宵出，雨血三朝，龙生于庙，犬哭乎市，夏冰，地坼及泉，五谷变化，民乃大振。高阳乃命玄宫，禹亲把天之瑞令，以征有苗。四电诱祗，有神人面鸟身，若瑾以待，扼矢有苗之祥。苗师大乱，后乃遂几。禹既已克有三苗，焉磨为山川，别物上下，卿制大极，而神民不违，天下乃静。”说的就是这种情况。在这种一文一武、一软一硬的策略之下，天下咸来归服，使一盘散沙的诸多部落最终得以统一，形成拱卫中央的大一统的局面。所谓的大禹治“五行”之“水”就是在这个意义上展开的。由于各部落之间各自为政，信仰不同、信念不同，虽然都敬神但所敬之神也多有不同，有的崇鸟，有的崇火，有的崇熊，有的崇太阳等。要将这么多信仰不同的部族和人民统一在一起，绝不是通过简单的武力征伐就能做到的，而一定要用一种大家都能接受、认可的神权理论系统才能做到。大禹就是在这个时候提出了“天帝”或者说“天”的概念，用这样一个形而上的抽象概念取代了各部落之间不同的原始图腾的信仰，这可以说是中华理性文明进程

① （法）让—皮埃尔·韦尔南：《神话与政治之间》，余中先译，北京：生活·读书·新知三联书店，2001年，第246页。

中的一次质的飞跃。这种将多重信仰、崇拜抽象规范为一元的信仰体系，就是所谓的“治水”，使滂沱横流的洪水归于一途。而“马上得天下容易，马上治天下难”，要让普通百姓放弃自己世世代代信仰的图腾，转而去崇拜“天帝”殊为不易，要做到这一点只有通过“教化”。因此，大禹在完成了第一步的统一工作后，又紧锣密鼓地开始了第二步的教育教化工作，就是在“天”崇拜的基础之上提出了“德”治的概念，《尚书·周书·蔡仲之命》曰：“皇天无亲，惟德是辅。”帝有帝德，民有民德，整个社会自上而下每个人只有践行道德才能得到上天的垂青。整部“洪范九畴”就可以看作是一部中国式的“道德教科书”。所谈及的问题没有绕过天命和道德的范畴。褪去“大禹治水”中的神话色彩，甚至让人产生这样的猜测，所谓的“洪范九畴”实际上是大禹或舜的障眼法，是他们将自己治理天下的心得体会总结为九条大法，或者说从帝王到凡夫的九条做人做事的原则，然后借“天启”之术颁行天下，其中体现的是舜、禹等圣人“以神道设教”的良苦用心。所以大禹真正称得上是“文教之祖”，后世周公、孔子的思想并没有绕开他。他最应被纪念的功业也不仅仅是规范滂沱四溢的洪水之功，还有规范天下信仰的教化之功。功业至斯，难怪孔子感叹：“禹，吾无间然”！大禹真无愧于中华文明始祖。

第三章　神话教育与经天纬地

纵观人类发展史，每一个民族从荒蛮走向文明、从感性神秘走向理性冷静都经历了漫长而艰难的发展历程。这期间既需要先民自身的勤苦卓绝，也需要无数古圣先哲的教育引导。从中国文化来看，商周嬗变之际这种民族性格的变化绝不是一蹴而就、突变猛进式的自我觉醒，而是多年潜移默化式的圣人刻意引导教化的结果。中华医学圣典《黄帝内经·四季调神大论》篇曰："圣人不治已病治未病，不治已乱治未乱。"治病和治国的关键都在于预防。治病的预防是养生；治国的预防是教化。养生的重点在养心，心平才能气和，气和才能健康。教化的重点在正心，心正而后才可身修、家齐、国治，最终实现天下平定。所以古人认为治病要探求病因、治水要熟悉水性、治国要了解国情，治国、治水、治病三者在根源上是一脉相承的。对治的方法在理论上也是相通的。因此几千年来中华文化滋养的知识分子中的优秀人物，无不秉承"不为良相，必为良医"的坚定信念。事业不尽相同，初衷未曾改变。为社稷苍生一定要做良相、良师、良医。尧舜禹汤、文武周孔都是这样的伟大人物。因为治国、治心、治病的道理相同，都是将其调节到最和谐安康的状态，所以在对治方法上三者也不乏相通之处。这其中最难做到的当数治心之术——教化。众生根器不同，随波逐流，任情而动、率性而为。难怪孟子要感叹"得天下英才教育之"为天下至乐。要对这些凡夫俗子施以礼乐教化难乎其难。所以国家治理好我们称之为明君，病症对治得好我们称为良医，只有教化搞得好我们才冠之以"圣人"的称号。古往今来能称得上"圣人"的人凤毛麟角，最值得后人效仿、敬仰。

很多西方学者指摘中国文明几千年来没有真正意义上的宗教，缺乏对世人道德的引领和严格的道德律的约束。西方学者定义的宗教我们可以通过以下几位学者的说法一窥究竟。英国自然神论者赫伯特提出过一个所有宗教的普遍的、合乎理性的共同根基，是如下五条先天原则或“共同观念”：（1）存在着一个至高无上的上帝。（2）上帝应当受到崇拜。（3）美德与虔诚的结合是宗教崇拜的主要方面。（4）人总是憎恶自身的罪恶，并且应该悔改罪过。（5）死后将有报偿和惩罚。在此之后“理性的超自然主义”的重要思想家坎特伯雷大主教提罗特森又提出了更为简洁的宗教三原则：（1）有一个上帝。（2）上帝要求人过道德的生活。（3）上帝将赏善罚恶。在此基础上弗雷泽又对宗教的含义做了这样的概括：“宗教指的是对被认为能够指导和控制自然与人生过程的超人力量的迎合或抚慰。这样说来，宗教包含理论和实践两大部分，就是对超人力量的信仰以及讨其欢心，使其息怒的种种企图。这两种显然信仰在先。因为必须相信神的存在才会取悦于神。但这种信仰如不导致相应的行动，那仍然不是宗教，而只是神学。”弗氏的定义较之泰勒更近了一步，其中有两点很关键，即在相信神存在的基础上要尽力地去取悦神，而这种取悦必须导向于身体和心灵两方面的积极行动。受弗氏的启发，陈麟书先生给出了这样的定义：“原始人相信灵魂存在，相信灵魂不死。这还不是宗教。……到后来，原始人群不但以当时的生活条件和要求来虚构神灵的世界和神灵的生活方式，而且把自己的本质和心理状态附加给神灵，从而规定对神灵的崇拜仪式，以此表现人与神的关系。这才形成原始宗教。”

对比上面的定义，我们可以触及西方宗教的根本属性，即宗教以信仰超自然力量的存在为前提，并通过一定的仪式取悦于该超自然力量。而取悦的方式除了严守仪式、仪轨的形式之外，更多的源自通过内心忏悔、静观、存想、心斋等独特的心灵感应方式而获得的人神沟通的精神抚慰。简而言之，宗教超越神话而成其为宗教有以下五个过程：（1）相信超自然力量的存在；即“知”的层面，这也是神话的层面。（2）信仰者通过行动努力地取悦该力量；即“行”的层面。（3）这种取悦在外在形式上不是随心所欲的，而是必须通过严守神谕或禁忌体现出来，也就是按照神要求的方式来崇拜神。即“以知导行”的层面。这一点卡西尔也有论述：“超然力量和紧密相关的、否定的‘禁忌’（taboo）概念相连接；由于这两个对立的概念，神话——宗教意识的最初层面似乎已经暴露无遗。超然——禁忌公式被视为一个‘宗教的最低限度的定义’，视为其最初构成条件之一。”（4）在取悦的心理层面上，通过感恩、忏悔、静思、观想、心斋等神秘的心理暗示把自己的心理状态传递给神灵，并获得心灵和精神的高度愉悦，也就是以自己理解的关照方式建立独特地人神沟通渠道。即“以行践知”层面。（5）外在严守神谕、禁忌的同时，内心通过静思默想达到对神的全身心的崇拜与体认，使这种崇拜带有高度的个人化色彩。

通过上面的梳理，我们不难看出这种说法并非空穴来风。相较于其他文明，中华文明确实是一个没有全民宗教信仰的民族，按照西方学者的理论，这种文明很难形成全民认同的完整的道德体系和强大的凝聚力。但事实却恰恰相反，我们看到中华文明是人类四大古文明中唯一一个没有断流且传承至今的文明。在漫长的历史中，我们的民族不但创造了无与伦比的灿烂文化，而且形成了鲜有其匹的强大的凝聚力，这种强大的文化聚合力每每在异族入侵的时候，就显示出无比巨大的力量。这也就出现了一个在中华民族历史上频繁上演的极其特殊的现象——国家时有灭亡、政权时有更迭、国土时大时小，但中华文明从未断流。而这正是儒家文明的高明之处：不需要神灵高高在上的法力威慑，只有圣人如沐春风的以身作则；不需要假手神力通过血淋淋的惩恶扬善进行现实震慑，只有圣人不厌其烦的循循善诱；不相信天生的恶魔无可救药，只努力去发掘人类灵明不昧的善良自性。

马克思曾经把人类各民族分为几类：一种是正常的儿童，像古希腊就是正常的儿童；一种是晚熟的儿童，日耳曼人就是晚熟的儿童；还有一类是早熟的儿童，说的就是中华民族。之所以说中华文明早熟原因很简单：就是在人类文明还在孩提时代，别人都在做梦的时候，中国人早就梦醒了。在其他文明还蒙昧未开化时，中国人已经开始抬头望天、低头看地，并尽量按照天地所启示的自然规律踟蹰前行；在别人还沉浸在梦境与神话的虚幻享受中时，中国人已经开始了严格的历史记录；在别人还在为诸神的事迹著书立说的时候，中国人开始为人立传、为自己立传，而这些传记就是历史。理性战胜了神秘、现实击溃了幻想。中国人的目光始终没有停留在玄妙奇幻的诸神世界中，同时我们的目光一刻也没有离开过自身稼穑耕种、婚丧嫁娶的现实生活。正如鲍鹏山先生所说：

> 当我们这个民族原始的宗教没有发展为全民族的信仰，没有变成我们民族道德屏障的时候，我们取而代之的是什么呢？是史官。史官文化最终取代了宗教，并且履行了宗教的一些重要的职能。所以在中国，历史就是宗教。西方的宗教里面有“末日审判”，中国有“盖棺论定”。……
>
> 历史实际上成了我们道德上的屏障，我们什么都不怕，但是我们怕死后遗臭万年，怕别人最后给我们一个鉴定。……历史就在这样的层面

上影响了现实，它作为一种观念告诉我们，人不仅仅活在现在，我们还可能活在未来。你今天不仅仅要活得好，不仅仅要图今天活得快活，要想着将来你是一个什么样的形象。所以历史是一个无形的存在，它让我们的行动有所收敛，让我们不仅要过一个潇洒的人生，还要过一个有尊严的人生，经得起考验的人生，经得起将来别人推敲的人生。这就在很大程度上阻止了我们道德的堕落。

我们中华民族自己没有中断历史，这个民族一定是有强大凝聚力的。这种凝聚力来自于什么地方呢？我们的凝聚力就来自传统的教育，我们的传统的教育之所以能起到这么大作用，能让整个民族产生重大凝聚力，就是读经典，而经典就是传统文化。

……教育还有一个非常重要的作用，就是培养全民族的共同的价值观。有了这样共同的价值观，这个民族就能够凝聚起来。大家有共同的价值基础，我们就能够共同在一个国度里面生活。民族的凝聚力就来自这个共同的价值基础。什么叫民族？民族一定是有共同文化的，一定是有共同历史的。没有历史肯定没有民族。中国人为什么那么重视历史？这是有道理的，因为我们没有宗教，我们必须找一个东西来代替宗教的功能，这就是历史。

所以我们说，西方人有神，我们有圣，他们有上帝，我们有孔子。所以我们是一个民族。而且，因为有了老子、孔子，有了孟子、庄子，有了荀子，有了韩非子，有了这些人，我们虽然是一个没有神的民族，一个没有宗教信仰的民族，但是我们仍然可以过一种体面的生活，过一种有尊严的生活，过一种合乎于道德的生活。①

文明的过早成熟使得鬼神之说逐渐让渡给礼乐教化。“子不语怪力乱神”，在儒家的教化方式中没有荒诞无稽的神鬼之说，而其目的也是将沉溺于流俗习气的凡夫俗子导向更高精神层面的礼乐生活，这一切不是外在的强加，而是自性的显现，不是金刚怒目的说教，而是春风化雨的润泽；不是遥不可及、陈义太高的深奥哲理，而是平常日用、进退起居的潜移默化。就是在神话世界中，中国的神话也多乏“神”力，而多“圣”迹，神话不像是为神彰迹，更像是为圣贤立传。而为圣贤立传的目的也不外乎是树立榜样号召百姓，因为人人皆可为圣贤。从这个意义而言，中国上古的神话更像是“圣话”。

① 鲍鹏山：《先秦诸子八大家》，上海：上海科技文献出版社，2012 年，第 6—7 页。

第一节　神话教化——圣人的教育方式

通过以上的分析，我们看到在上古时期，神话是教育先民最好也是最有效的一种方式。这一点不光体现在中国的神话中，也体现在西方神话中。正如凯伦·阿姆斯特朗所说："这些神话并非要人们以表面的意义来了解，而是因为要描述的真实过于复杂，不得不采用隐喻来表达，否则以其他方式表达便难以让人了解。"①"对创世作确实的解说是不可能的，因为没有人亲见这些无法想象的事件，神话与象征因此是描述这些事件唯一合适的方式。"②

最初，神话的功能与宗教相同，都是人类探寻生命终极意义的手段。"我们的世俗伦理理想，有它自己一套对心性的规范和训练，并且扮演了原本由比较传统的宗教所担负的角色：赋予人们寻找生命终极意义信仰的手段。"③

> 不要寄望神从天而降，而应小心翼翼在自己心中创造出他的意义来，那么我或许不至于那样焦虑不安。④

中国的典籍中对神的价值和意义也多有谈及。《礼记》载："故君民者，子以爱之，则民亲之；信以结之，则民不倍；恭以莅之，则民有孙心。"君民者这种斋庄恭敬的姿态表现的就是对神旨天意的驯顺之心。孔子给《易经》所做的注释，本质上也正是以这一观点为基础的，故"圣人以神道设教，而天下服矣。"《荀子》最为清晰地表达了这个意思："圣人明知之（指祭祀），士君子安行之，官人以为守。百姓以成俗。其在君子，以为人道也；其在百姓，以为鬼事也……⑤

人类是精神性动物，生活中不能只有物质，还要有意义。这种意义一般而言来自两个方面：自然或神祇。当这二者与人类的心灵密切关联起来的时候，则这种意义的价值和力量更大，即人类自己从心里创造出意义来。正是在这个意义上圣人开始以神道设教。如凯伦·阿姆斯特朗所说：

> 人类是精神性的动物。自有人类以来，便有崇拜神祇的活动；当他们创造艺术作品的同时，也创造了宗教。这并非只因为他们要安抚强大的自然力量，这些早期的信仰所表达的惊奇与奥秘，似乎一直是人类在

①（英）凯伦·阿姆斯特朗：《神的历史》，蔡昌雄译，海口：海南出版社，2013 年，第 11 页。
②（英）凯伦·阿姆斯特朗：《神的历史》，蔡昌雄译，海口：海南出版社，2013 年，第 13 页。
③（英）凯伦·阿姆斯特朗：《神的历史》，蔡昌雄译，海口：海南出版社，2013 年，第 3 页。
④（英）凯伦·阿姆斯特朗：《神的历史》，蔡昌雄译，海口：海南出版社，2013 年，第 4 页。
⑤ 高长山：《荀子译注》，黑龙江：黑龙江人民出版社，2003 年，第 390 页。

这个美妙而又可怕的世界中所具有的重要经验内涵。尽管血肉之躯的痛苦是不可避免的，但宗教就像艺术一样，试图要找出我们生活的意义与价值。①

这些神话并非要人们以表面的意义来了解，而是因为要描述的真实过于复杂，不得不采用隐喻来表达，否则以其他方式表达便难以让人了解。②

一、神话教化的原始内涵

正所谓建国君民，教学为先。上古时期最初的教育教学主要体现为古圣先王教民稼穑、教民耕织。举凡和农业生产息息相关的天文、地理、洪灾、征候气象、耕作之法、肥实之道，都是先王古圣必须掌握和传授的。司马迁在《史记·天官书》中写道：

太史公曰：自初生民以来，世主曷尝不历日月星辰？及至五家、三代，绍而明之，内冠带，外夷狄，分中国为十有二州，仰则观象于天，俯则法类于地。天则有日月，地则有阴阳。天有五星，地有五行。天则有列宿，地则有州域。三光者，阴阳之精，气本在地，而圣人统理之。

幽厉以往，尚矣。所见天变，皆国殊窟穴，家占物怪，以合时应，其文图籍禨祥不法。是以孔子论六经，纪异而说不书。至天道命，不传；传其人，不待告；告非其人，虽言不著。③

在司马迁的概念中从古至今天象就是帝王治理天下效仿取法的“红宝书”。而圣人的职责是将复杂的天象观测的方法和天理召诰人间。《尚书·尧典》载：“乃命羲和，钦若昊天，历象日月星辰，敬授人时。”④

至晚到了周朝时期，朝廷就设立了专门的机构观测天文、颁行历法。《周礼》称：

大史掌建邦之六典………正岁年以序事，颁之于官府及都鄙，颁告朔于邦国。闰月，诏王居门终月。………冯相氏掌十有二岁、十有二月、十有二辰、十日、二十有八星之位，辨其叙事，以会天位。冬夏致日，春秋致月，以辨四时之叙。保章氏掌天星，以志星辰日月之变动，以观天下之迁，辨其吉凶。以星土辨九州之地，所封封域，皆有分星，

①（英）凯伦·阿姆斯特朗：《神的历史》，蔡昌雄译，海口：海南出版社，2013年，第3页。
②（英）凯伦·阿姆斯特朗：《神的历史》，蔡昌雄译，海口：海南出版社，2013年，第11页。
③（汉）司马迁：《史记》，北京：中华书局，1959年，第1342—1343页。
④（清）孙星衍：《尚书今古文注疏》，陈抗、盛冬铃点校，北京：中华书局，1986年，第10—12页。

以观妖祥。以十有二岁之相，观天下之妖祥。[①]

上文中提到的冯相氏、保章氏分别负责历法和占星的工作，通过天文的观测警示帝王修德以求天佑。作为农业民族的一国之君，最重要的事情就是教民稼穑，天文、历法、占星都是为这一个主题服务的。关于这一点，一直以来被当作农耕之祖的周王朝的先祖后稷有十分详尽的论述。《吕氏春秋·士容论·上农篇》载：

后稷曰："所以务耕织者，以为本教也。"是故天子亲率诸侯耕帝藉田，大夫士皆有功业。是故当时之务，农不见于国，以教民尊地产也。后妃率九嫔蚕于郊，桑于公田，是以春秋冬夏皆有麻枲丝茧之功，以力妇教也。是故丈夫不织而衣，妇人不耕而食，男女贸功，以长生，此圣人之制也。故敬时爱日，非老不休，非疾不息，非死不舍。[②]

从国家层面而言，自上而下天子、诸侯、大夫、士都应身体力行，明确农业为治国之本的理念，在家庭的层面上更应该男耕女织，不息不舍。

又《吕氏春秋·士容论·任地篇》载：

后稷曰：子能以洼为突乎？子能藏其恶而揖之以阴乎？子能使吾士靖而圳浴士乎？子能使保湿安地而处乎？子能使雚夷毋淫乎？子能使子之野尽为泠风乎？子能使藁数节而茎坚乎？子能使穗大而坚、均乎？子能使粟圜而薄糠乎？子能使米多沃而食之强乎？无之若何？"[③]

如何让土地更加肥沃、如何让粮食茁壮成长，透过后稷自信满满的步步追问，我们看到了教民稼穑的重要性和必要性。

所谓今之耕也，营而无获者：其蚤者先时，晚者不及时，寒暑不节，稼乃多灾。实其为亩也，高而危则泽夺，陂则埒，见风则，高培则拔，寒则雕，热则修，一时而五六死，故不能为来。不俱生而俱死，虚稼先死，众盗乃窃。望之似有余，就之则虚。农夫知其田之易也，不知其稼之疏而不适也；知其田之除也，不知其稼居地之虚也；不除则芜，除之则虚，此事之伤也。[④]

要真正掌握庄稼的生长丰收之道，就必须了解天文历法、星象灾异、山川地貌、河岳秉性，这些自然天道不是一个普通百姓通过经验就能掌握的，必须有通天彻地的圣贤的教育教化才能做到。

---

① 李学勤：《十三经注疏·周礼注疏》，北京：北京大学出版社，1999年，第692—695、700—706页。
② 陈奇猷：《吕氏春秋校释》，上海：学林出版社，1984年，第1711页。
③ 陈奇猷：《吕氏春秋校释》，上海：学林出版社，1984年，第1731页。
④ 陈奇猷：《吕氏春秋校释》，上海：学林出版社，1984年，第1755页。

应该看到“圣人以神道设教”绝不是为了无视人道而传播神道文化，或者说是为了以神驭人。真正的目的是以神话为手段，将一种理性、正义、仁慈的力量传递到社会的每一个角落。正如荣格所说：“一个用原始意象说话的人，是在同时用千万个声音说话……自然与人类命运的富有教育意义的意象。他把我们个人的命运转变为人类的命运，他在我们身上唤醒所有那些仁慈的力量，正是这些力量，保证了人类能够随时摆脱危难，度过漫漫长夜。”

二、神话教化的具体表现

由此我们知道所谓的“神话教育”在中国至少经历了三个阶段：（1）圣人以神话教民稼穑，此为农业文明立国之基础。（2）圣人以神话教民礼乐文明，此为文治之始。（3）别有用心的人假手神道（伪宗教）的名义蛊惑底层百姓造反。

中国以农业立国，从尧开始一直到大禹、后稷，都将教民稼穑作为统治者的首要任务。

> 尧遭洪水，人民泛滥，遂高而居。尧聘弃，使教民山居，随地造区，研营种之术。三年余，行人无饥乏之色。[①]
>
> 黍稷重穋，植稚菽麦。奄有下国，俾民稼穑。有稷有黍，有稻有秬。奄有下土，缵禹之绪。[②]

“俾民稼穑”一句，郑玄就解释为“使民知稼穑之道”[③]。统治者不光要教民稼穑，还要治水防旱保证农事生产的顺利进行，更要在农忙时节缺课桑农、敬天禳地，可以说一年到头都在为农事生产忙活。

> 后稷教民稼穑，树艺五谷；五谷熟而民人育。[④]
>
> （后稷）相地之宜，谷者稼穑焉，民皆法则之。……举弃为农师，天下得其利。[⑤]
>
> （舜）命禹：“女平水土，维是勉之。”禹拜稽首，让于契、后稷、皋陶。舜曰：“女其往视尔事矣。”……禹乃遂与益、后稷奉帝命，命诸侯百姓兴人徒以傅土，行山表木，定高山大川。……令益予众庶稻，可种卑湿。命后稷予众庶难得之食。食少，调有余相给，以均诸侯。……

① 周春生：《吴越春秋辑校汇考》，上海：上海古籍出版社，1997年，第13页。
② 余冠英：《诗经选译·鲁颂》，北京：人民文学出版社，1958年，第88页。
③ 李学勤：《十三经注疏·毛诗正义》，北京：北京大学出版社，1999年，第1408页。
④ 杨伯峻：《孟子译注·滕文公上》，北京：中华书局，1960年，第125页。
⑤（汉）司马迁：《史记·周本纪》，北京：中华书局，1959年，第112页。

禹曰："鸿水滔天，浩浩怀山襄陵，下民皆服于水。予陆行乘车，水行乘舟，泥行乘橇，山行乘檋，行山刊木。与益予众庶稻鲜食。以决九川致四海，浚畎浍致之川。与稷予众庶难得之食。食少，调有余补不足，徙居。众民乃定，万国为治。"[①]

尧、舜在完成了地理、天文、历法的建设规制之后，就开始了文化的建设。经天纬地之后伴随而来的就是礼乐教化。在解决了百姓的温饱问题之后必然要以文化之。所谓"仓廪实而知礼仪、衣食足而知荣辱"。正如《易经》所说，希望建立一种"圣人以神道设教"的平易简单的教育模式。这种神话教育类似宗教却较少约束，富于哲理又通俗易解。其中蕴含的治国理政的理念传到大禹那里被发扬光大，形成灿烂辉煌的大一统文化，因此大禹的成功也被视为"此乃天授也"。

通过上文的分析，我们知道所谓的"圣人以神道设教"的"教"最初指的就是教化，但不可否认后来这个"教"被别有用心的人利用以后，就不可避免地和伪宗教产生瓜葛，紧紧地联系在一起。一些心有异志的人借助预言、儿歌、灵物异兽，以及所谓谶纬之学蛊惑、煽动底层的百姓，以达到自己不可告人的目的。就政治预言来说，杨庆堃先生有一段精彩的论述：

无论其内容是什么，救世的主张是民间宗教运动应对危机的关键，在特定的情况下它会促使宗教运动发展成政治对抗。各教派的基本主张是他们具有普度众生的能力，那么在社会陷入普遍危机时，到底他们如何使民众相信这套救世宣传呢？他们是如何争取到大众的信仰和信心的呢？他们是如何吸引追随者的呢？

我们要考虑的因素很多，其中之一是宗教组织直接提供的社会和经济好处，它有着兄弟般互助的特性，这在人们流离失所的危急关头显得极为重要。另一个因素正如已经提出的那样，它提供了一个"脱轨倾向"的心理学效果：在老办法不起作用的时候，异端性质的教派可以给人们新的希望。还有一个因素是，教派信仰者都非常渴望神灵的帮助，特别是在走投无路、几近绝望的时候；此时各种神秘的故事四处流传，在一定程度上起到克服困难、鼓舞人心的作用。在所有这些因素中，教派领袖的作用非常关键，因为他们通常会声称自己具有特别的能力与上天沟通（正如皇帝垄断了人与天的沟通的那样）。许多领袖展示神迹，

①（汉）司马迁：《史记·夏本纪》，北京：中华书局，1959 年，第 50、51、79 页。

应验预言来证明他们具有无边的法力。……

利用灵异的传教者有着双重意义。其一，具有赢得民众信仰和信心的能力；其二，能够满足某些个人求得解脱的需要。那些获得帮助的被治愈者会对教主心存感激，并因此而皈依。而那些没有亲身经历过神迹显灵的人，也同样希望通过投入该组织来获得个人拯救。……通过如此贬低人类历史事件和人类本身，加上人类一贯的对于超自然的屈服，预言在情感受到震慑的民众里获得接受，而这种信念很难被世俗、理性争论所动摇。

在乱世之时这一策略在争取民众方面确实有效，因为人们实在是无所适从，而那些所谓理性的方案都已不足信，还会因彼此各执己见而削弱力量；伟大人物的智慧和普通人的努力都无济于事，根本无法扭转乾坤。在预言面前，任何的争辩和讨论都显得无足轻重，也不需要通过权衡利弊的方式来裁决取舍，最后只能由神灵引导的巨大社会运动的浪潮中去改变一切。信仰者的心灵完全被预言暗示的神灵力量所征服。[①]

对此陈麟书先生也有十分精辟的论述：

宗教之所以成为宗教，首先就在于人们无可奈何地认可了超自然力量和超社会力量的存在。……它成为人与自然、人与社会之间关系中最高的调节者、仲裁者和支配者，这是宗教的自然属性和社会属性的基本内涵。……

在自然力量和社会力量有形、无形的统治和压迫下，人们在精神上和心理上，甚至为了生存都需要有一种具有至上的神圣的力量来调节和改善人与自然、人与社会、人与人之间的关系。这种至上的神圣力量是通过人类的抽象思维能力，把有形、无形的强大的自然力量、社会力量和现实人格力量在观念上重新组合的结果，使它成为超于自然、社会和人这三者之上的至上者，赋予它有权力和能力来调节和改善人与自然、人与社会之间的关系。上帝和神就是这种至上神圣力量的化身，它既变成统治人类的异己力量，又成了拯救人类的终极力量。人类自身本来应该是调节和改善人与自然、人与社会之间关系的主体……这种自我意识被强大的自然力量和社会力量剥夺了，异化为一种人格化的超自然力量和社会力量……所以，人们崇拜超自然力量和超社会力量的上帝和神

① 杨庆堃：《中国社会的信仰》修订版，范丽珠译，成都：四川人民出版社，2016 年，第 179—185 页。

明，实际上就是崇拜人类自身。

纵观中国历史，历朝历代的割据势力、起义军队中都可以看到有一个类似军师模样的神神怪怪的人物掺杂其中，通过编造、散布各种预言、歌谣达到蛊惑底层百姓的目的。而这些人物往往都有极为浓重的宗教背景和宗教色彩。这就使得几乎所有的反抗力量在最初形成的过程中，都和各种披着宗教外衣的社团组织有着千丝万缕的联系。从张天师的五斗米道至汉末的张角、张宝的黄巾起义始，一直到清末的太平天国起义最初都是假借神灵传播其观点。

《后汉书》卷 71《皇甫嵩传》载：

> 巨鹿张角自称"大贤良师"，奉事黄老道，畜养弟子，跪拜首过，符水咒说以疗病，病者颇愈，百姓信向之。角因遣弟子八人使于四方，以善道教化天下，转相诳惑。十余年间，众徒数十万，连接郡国。[①]

《三国志》卷 8《张鲁传》载：

> 张鲁字公祺，沛国丰人也，祖父陵，客蜀，学道鹄鸣山中，造作道书以惑百姓，从受道者出五斗米。[②]

宋真宗时，王均在益州起事，为其谋划的智囊张锴就是"粗习阴阳，以荧惑同恶"[③]的道士。被岳飞镇压的南宋初年的钟相、杨幺起义的领袖钟相也是巫师、道士一类人物，史书记载他"以左道惑众"[④]。北宋末年割据两河之间的李成时而叛变时而附逆，他的军师陶子思就是一个地道的道士。陶子思靠着一点符箓丹药、谶纬咒语拉拢、蛊惑底层游民，使李成的队伍迅速扩大。"（陶子思）谓成面有割据之相，宜驱虏良民十万，往四川据成都、保有西蜀，成信其说，遂生异志"[⑤]。对于社会底层人民而言，"怪、力、乱、神"之说永远有无可抵挡的吸引力，只不过圣人用这种工具来教化芸芸众生，而一些生有异志的人则用它来煽动底层人民，以达到自己不可告人的目的罢了。

正因为谶纬、预言的重要性，"礼乐征伐自天子出"自不必说，就连对气候变化等自然现象的解释权也只能归于天子，绝不允许民间染指。"一个更政治敏感性的问题是对天象征兆的解释。正如前面所指出的，根据天人合

①（南朝·宋）范晔：《后汉书》卷 71《皇甫嵩传》，北京：中华书局，1965 年，第 2299 页。
②（晋）陈寿：《三国志》卷 8《张鲁传》，北京：中华书局，1959 年，第 263 页。
③（宋）杨仲良：《皇宋通鉴长编纪事本末》卷二十五《王均之变》，李之亮点校，哈尔滨：黑龙江人民出版社，2006 年，第 402 页。
④（宋）熊克：《中兴小纪》，顾吉辰、郭群一点校，福州：福建人民出版社，1985 年，第 94 页。
⑤（宋）徐梦莘：《三朝北盟汇编》卷 118《炎兴下帙》，上海：上海古籍出版社，1987 年，第 866 页。

一的理论，自然界发生的任何异常现象都能被解释成上天对某些作恶个人或群体的愠怒，因此对不正当行为的矫正或对不公平现象的纠正等政治行动就成了神的制裁。解释的权力是朝廷的特权，以确保对于异常现象的解释不会被某些怀有政治野心的团体所利用。于是，官方对天象解释权的垄断构成了对宗教事务的政治控制中的一个重要方面”。对于伪造、传播各种类似五行更替之说或天象灾异的书籍更是严惩不贷。“凡造谶纬、妖书、妖言及传用惑众者，皆斩监候”。“私有妖书隐蔽不送官者，仗一百，徒三年。”官方注释规定，对于朝廷祸福的任何预言就是妖言。《大清律例增修统撰集成》载：“凡伪造一应妖诞文字，组织已往怪异之事，妄载未来兴废之征，或假托鬼神，作为妖妄不经、奸邪不顺之语，刊写妖书，撰成妖言，此皆妄谈国家祸福，世道盛衰，意在煽惑人心，图谋不轨，故创设及传用者，皆斩。”[①]王朝更迭、国家气运、兴衰罔替皆在禁言之列。

历代朝廷要向百姓传递一个明确的信息：民众所祭祀的天及天神只是政治伦理秩序的维持者，主要还靠人事，正所谓“人定胜天”。因此，绝不允许有人假借天意聚众起事。祭祀天地也必须由朝廷出面实行公祭，个人、民间鼓励祭祖，但绝不可以祭天。“因为在封建王朝统治期间，民间始终没有出现过公开有组织的祭天拜天神仪式，以便使某个政治团体具有来自上天的超自然力量。可以确定的是，某些私人的祭天活动或许具有一定的政治特征，秘密的宗教运动也经常为政治目的而祭天祀神，但这些情况往往都会遭到朝廷的惩罚和镇压”。[②]

第二节　治水神话与教化

一、“纬地”与“经天”

中国文化中的“天”一直以来指代的并不是自然科学中与地相对的天空，而是指具备人格、神格两重属性的天地两界的最高掌管者。正如朱天顺在《中国古代宗教初探》一书中所说：“在我国古代原始宗教里，既没有崇拜天空这一自然属性的天神，也没有天象综合体的自然神。后来人们创造了诸神中的最高神——天神（上帝），但这不是自然神，而是人为地综合各种

① 转引自杨庆堃：《中国社会的信仰》修订版，范丽珠译，成都：四川人民出版社，2016年，第146页。
② 杨庆堃：《中国社会的信仰》修订版，范丽珠译，成都：四川人民出版社，2016年，第145页。

神灵的属性而创造出来的人格神，和天空这一自然属性没有关系。我国古代宗教的这种情况，从人类认识的发展史和宗教的发展史来看，都是符合逻辑的。”[①]通过对中国天道观的研究，杨庆堃先生引申出了中国社会的两种宗教类型：制度性宗教和弥漫性宗教。制度性宗教在神学观中被看作是一种宗教生活体系，它包括：（1）独立的神学观或宇宙观，用以解释世界和人类事物。（2）有系统性的象征（神、灵魂和他们的形象）和仪式组成的独立信仰体系。（3）由专门神职人员组成的组织，帮助阐释神学观念，并主持仪式。借助于独立的概念、仪式和结构，宗教具有了一种独立的社会制度的属性，故而成为制度性宗教。另一方面。弥漫性宗教被理解为：拥有神学理论、崇拜对象及信仰者，于是能十分容易地渗入一种或多种的世俗制度中，从而成为世俗制度的观念、仪式和结构的一部分，失去了显著的独立性。……制度性宗教作为一个独立的系统运作，而弥漫性宗教则作为世俗社会制度的一部分发挥功能。……弥漫性宗教在中国社会生活的所有主要层面广为流行，维系着社会制度的稳定；而制度性宗教虽然有其自身的重要性，但是缺乏组织性力量，在整个中国社会系统中不能成为强有力的结构性因素。“按照这一解释，中国社会显著的保守性和稳定性特质，或许可以部分地归因于弥漫性宗教在中国社会所有主要制度里的普遍发展。过于因循传统或崇尚三代，偶尔革新还要假托古代圣贤之名，即神的意志和圣人的智慧激发出创新意识，因为是古代圣贤制定的生活习俗，故任何改变都将会引起神的愤怒并有违背先人意愿之嫌。历史上诸多理性主义的儒学思想家挑战过社会制度的超自然层面，但他们中很少有人敢于发起系统的批判，主要是因为他们承认了功能性崇拜对社会起到的稳定和保护作用。从孔子对于祭祀仪式的态度中可以略见一斑。”[②]受这种弥漫性宗教的影响，整个神学理论具有超乎寻常的稳定性，人只要和神、天道扯上关系就具备了无可辩驳的权威性。中国历史上第一个挑战天的权威，认为人定可以胜天的思想家是荀子。他提出了一个著名的口号“尊君”。但他提“尊君”这一口号背后更深层次的目的是要“制天”，就是探究人类怎样更好地利用天命为人所用。在荀子的思想中，“天”已经不再是高高在上的人间祸福的唯一裁掌者，一变而为人间帝王所用的工具和手段。人类要想生存得更好，就不能只是一味地顺从自然，还需要改造自然，就得“制天”。制天不能单靠个人，而要把零散的个人与零散的部落

① 朱天顺：《中国古代宗教初探》，上海：上海人民出版社，1992 年，第 7 页。
② 杨庆堃：《中国社会的信仰》修订版，范丽珠译，成都：四川人民出版社，2016 年，第 232 页。

组织统一起来置于一个绝对的权威之下。陈炎先生在《积淀与突破》中指出，黄河流域的古代中国乃是属于马克思所说的“亚细亚的古代”，与希腊的“古典的古代”有大不同，“古典的古代”其国家的形成乃是生产力发展的自然结果，而“亚细亚的古代”的国家——中国的建立则是由于环境的逼迫。“生活于黄河流域的古中古人的天职不是去海上冒险，而是在土里觅食，因而要兴修水利。这种工作……需要大量的人力和高度集中的社会组织结构。”这个权威最直接最具说服力的理所应当是“天”。相应的如果不给“天”赋予人的品质和形象，老百姓是很难理解的。但相反如果“天”过于“人性化”的话，又反过来会消解它的权威性和神秘性。因此最好的形式莫过于介于天和天之子民（人）之间的半人半神的形象。这一形象向上可以无限抽象为形而上的宇宙本体，向下可以幻化成有血有肉、七情六欲俱存的具体人形。真可谓“上达天听，下顺民意”。如此一来把一些与自然斗争的创世故事、一些统治者刻意为之的伦理教化和启发民智的故事，附会在“神”这个拥有特殊身份的角色上面，就会带来意想不到的教化效果，这就是关于神的传说，简称神话。“神”这一角色可以说是进可攻、退可守，从文学本位而言，神话体现了一个民族祖先筚路蓝缕、不屈斗争的民族精神，涵盖了民族最核心的价值判断，启迪教化着后世子孙世世代代传承祖先文明。从史学角度而言，神话可以是上古无信史可征时期民族先贤的创业史、奋斗史，同样具有强大的感召力量。

所以我们所要讨论的这种“经天纬地”的工程，在程度上而言是非常有限的，绝不等同于后世不信天命打破旧秩序的改天换地，而是在“敬天法地”的基础上有序地展开的。这一点从儒家经典《礼记·曲礼》中天子不仅“祭祀天地”，而且在四季要轮换祭祀东西南北的四方之神，就可看出天子那一份战战兢兢、朝乾夕惕的敬畏之心。

> 天子祭天地，祭四方，祭山川，祭五祀，岁遍。诸侯方祀，祭山川，祭五祀，岁遍。大夫祭五祀，岁遍。士祭其先。①

祭祀有着严格的程序和时间顺序，天子先祭，然后是诸侯，然后是大夫，然后才是士。如有错漏则被视为僭越，这一点从《论语·八佾》中孔子对季孙氏违规祭祀的唾弃中就可看出。

《诗·小雅·甫田》载：“以我齐明，与我牺羊，以社以方。”《毛传》解

---

① 王文锦：《礼记译解·曲礼下》，北京：中华书局，2001 年，第 52 页。

释道："社，后土也。方，迎四方气于郊也。"郑笺曰："祭社与四方，为五谷成熟报其功也。"丰收要祭祀地神以"报其功"，这是以农业为生的原始民族的通行习俗。《诗·大雅·云汉》曰："祇年孔夙，方社不莫。"郑玄注："我祇年甚早，祭四方与社又不晚。"《左传·昭公十八年》云："大为社，祓禳于四方。"可见上古社会中农事耕种与天地鬼神的密切关系。

通过祭祀维系着人与天之间密切的互动与沟通。

令人难忘的祭祀活动、官方告示和民间传说，不断强化了王权与"天"及其神力的关系。……最基本的事实是，"上天"及其威力是统御一切的。人们不可能找到另外一个像"天"一样超越人类、神秘而又至高无上的象征物。天体运行规律象征着，上天统御力将宇宙维持在稳定的秩序中；天产生了季节的更替，而四时有序对农民来说尤其重要。

任何个人或群体只要能成功地使民众相信他（们）是上天的力量在尘世间的代表，那么就意味着得到了天的支持，并具有天的超人权力。因此，1881年湖北省《麻城县志》在介绍官方祭祀的对象时，引用了古代经典的阐述：天有十宿，人分十等；小人服从君子，君子则与神明通。

在原始部落里，政治权力的神圣化普遍存在，在现代的国家也如此。但在中国，为了确保皇权的至高无上性和百姓的敬畏之心，某种特别的因素会被用于巩固加强帝国政权的神圣性；这个因素与作为王朝正统的儒学没能明确君权起源理论，造成君权缺乏终极的世俗正当性有关。

……君主应该具有圣贤般的智慧和非凡的自制力；君主应该实施仁政，具有博大的胸怀；君主应该全身心投入公共职责；君主不仅应该了解"人道"，也要通晓"天道"。在汗牛充栋的儒学经典中，始终把尧、舜等神话中的统治者作为理想君主的典范。

上述的一些品质，可能被认为是马克斯·韦伯所谓的那种领袖的超凡魅力，天赋高雅，并且具有超凡脱俗的神性。尽管儒家思想认为，通过教化和努力，人可以获得上述品质，但是，在历史上找不到这样的例子。……但是，这里依然存在一个问题，即为什么伪装成有道德的人也能够占据至高无上的权位。

在儒学的正统中，另一个始终被搁置的问题是：如果真有符合标准的人存在，一个理想人选如何成为皇帝。孔子和孟子都没有看到符合神话中所热衷的"禅让"的情境发生。……通过血腥和破坏性暴力斗争而

> 获得的王权，仅仅对超验的道德化，不足以消除胜者的血污，也不足以树立起为巩固政治体系对君主和新王权地位的尊敬和信心。除了道德化之外，需要一种超自然解释，它促使民众接受新皇帝。“天意”和“君权神授”提供了这种超自然的解释，它有利于胜者；整个斗争的结果，是天命决定的，是人事不能改变和控制的。而且，最重要的是，作为事件的预定者，“天”是宇宙道德的最高裁判者。正是在这种意义上，民众接受了胜者，认为这是不可违的命运，也拥戴胜者及附着在上天决定之上的道德箴言。因此，对超自然的敬畏，是给王朝的创立者披上道德和荣耀外衣中的一个重要因素，而这些创立者基本上都是精通操纵权谋和暴力的人。……
>
> 学者们经常会提到，统治者如何接受天的“授权”这一问题。儒家思想或其他理论都不能解释这种神秘东西，这种解释也不必要。更重要的是，“天命”被赋予于王位之上，而不是在统治者个人身上。正如天、地的祭祀仪式活动所象征的那样，正是因为拥有王位，才使统治者个人具有神圣性。针对王位而不是任何个人的神圣性的认同，使得儒学理论能够在稳定情况发生变化时还可以为王朝更替的合法性提供证明。正是通过这种方式，一个专制的至高权力中心才稳定了帝国的统治。为这种权力的合法性提供证明的，不是世俗的民众认同，而是万能的“天”的授予。[①]

天道是最权威的仲裁者，高明的统治者只需将人间的意旨假借天意颁行天下即可，这就是所谓的变人道为天道。

因为古圣先王“经天纬地”的功业，都是在“敬天法地”的前提下展开的，所以一直以来祭祀这种对天地祖先表达敬意的活动在中国文化中都占据最重要的位置。正所谓“国之大事，在祀与戎”，对于国家而言祭祀甚至排在战争之前。方东美先生曾对《周礼》中所载的先民的祭祀系统做了如下的总结：（1）大祭。①祭天，昊天上帝、皇天上帝。②祭祖考完美典型。③祭自然神祇而化为永恒神圣之人类精神。（2）中祭。①祭天地（日月星辰诸天体等）。②祭名山大川。③祭稼穑诸神。④祭祖先于家庙，分四季行之。（3）小祭。祭路、门、室、灶、厨等鬼神，以及“百物之魅”或有利、或为害于人生者。[②]

① 杨庆堃：《中国社会的信仰》修订版，范丽珠译，成都：四川人民出版社，2016年，第104—107页。
② 刘梦溪：《中国现代学术经典·方东美卷》，石家庄：河北教育出版社，1996年，第68—69页。

杨庆堃先生在详细统计了八个县府庙宇的相关资料后将这些庙宇祭拜的主神分为了五类：（1）有关大气的神。（2）控制水的神。（3）虫神。（4）畜神。（5）树神。[①]

从上面的分类来看，我们可以把古人祭祀的对象大概分为四类：（1）天神。（2）地祇。（3）人鬼。（4）物魅。虽然有这么多需要祭祀的神鬼灵怪，但先民们绝不会因此而在虔诚的心理上稍打折扣，祭祀的功用在先民的生活中早已超越了它形式的价值。这一点《论语》和《中庸》中多有论述："祭如在，祭神如神在"。"鬼神之为德其盛矣乎！视之而弗见，听之而弗闻，体物而不可遗。使天下之人斋明盛服，以承祭祀，洋洋乎如在其上，如在其左右。诗曰：'神之格思，不可度斯，矧可射思！'夫微之显，诚之不可掩，如此夫"！

人们需要神在生活中时时刻刻地保护着自己，但同时人又是极其现实的，一旦迷恋现世的享受就很容易将神冷落在一边。为了避免这种情况的发生，就需要不断有新的神话传说注入其中，使得神话故事常读常新。"祠堂和塑像迟早会被冷落，祭祀仪式也会渐行草率甚至被废止……如果想要延续并保持人们对这种崇拜的热情，就一定要有神话传说来支持它。于是，被百姓普遍接受的信仰开始起作用，人们相信一个道德高尚、有卓越才干的人死后会成为无所不能、创造各种奇迹的神灵。特别是关于他生前有非凡才能的故事被几经流传，更使他的神奇声名远播；于是，他就被转化成了一个神化的英雄——一个监督社区活动、保佑人们的灵验之神。"[②]"对于这样的英雄人物，死亡也许毁灭了他的肉体，但人们相信其不屈的精神将常驻人间。因为人们不能忘却他不凡的品格，所以会继续纪念他的精神。这种纪念将促使神话传说具体化，并使之代代绵延。这种不朽精神是中国人'浩气'概念的一部分，在孟子的定义中，它指的是一种极其不屈不挠的精神。"[③]通过代代口耳相传的神话故事，神的精神永驻人间。

在万物有灵的思想作祟下，古人生活中处处存敬、时时小心，这种朝于斯、夕于斯的朝乾夕惕的态度，体现的是对自然的敬畏和取法。祭祀在中国文化中的重大意义究其核心之旨如孔子门生曾子所说最重要的意义在于"慎终，追远，民德归厚矣。"[④]看重的仍然是逝者对活人的教化意义，对民风的

① 杨庆堃：《中国社会的信仰》修订版，范丽珠译，成都：四川人民出版社，2016年，第52页。
② 杨庆堃：《中国社会的信仰》修订版，范丽珠译，成都：四川人民出版社，2016年，第131—132页。
③ 杨庆堃：《中国社会的信仰》修订版，范丽珠译，成都：四川人民出版社，2016年，第135页。
④ 杨伯峻：《论语译注·学而》，北京：中华书局，1980年，第6页。

影响。《大戴礼记》中谈到祭祀之礼是这样表述的：“丧祭之礼，所以教仁爱也，致爱故能致丧祭，春秋祭祀之不绝，致思慕之心也。夫祭祀，致馈养之道也。死且思慕馈养，况于生而存乎？故曰：丧祭之礼明，则民孝矣。”①可见，祭礼对整个社会孝道的养成至关重要。同时祭礼还体现了对逝者的追忆思慕。表达的是中国人对人的离世与物的消亡截然不同的观念。人死了并不是所谓的油尽灯枯、灰飞烟灭，从此了无痕迹。而是其人已逝，其魂尚存，其对活人精神上的影响就是通过祭礼体现完成的。正如荀子所说：“祭者，志意思慕之情也，忠信爱敬之至矣，礼节文貌之盛矣。苟非圣人，莫之能知也。圣人明知之，士君子安行之，官人以为守，百姓以成其俗。其在君子，以为人道也；其在百姓，以为鬼事也。……事死如事生，事亡如事存，状乎无形影，然而成文。”②荀子一句“其在君子，以为人道也；其在百姓，以为鬼事也。”道出了“圣人以神道设教”的真谛，只有通过神鬼之说才能更好地让百姓以虔诚存敬之心完成人道。这与《论语·八佾》中记载“子贡欲去告朔之饩羊”时，孔子对子贡所说的“赐也，尔爱其羊，吾爱其礼”有异曲同工之妙。

唐君毅先生曾说：

> 此中国儒者所言之祭之本义，原以祭为人之所以交于神灵。故祖先之神灵、圣贤忠烈之神灵，以及天神地祇，皆为实有。人之祖先在生之前，必顾念其子孙，而其顾念之情无尽；圣贤忠烈，在生之前，必顾念于国家中之人与天下后世之人，其顾念之情亦无尽。则其殁而为鬼神，其顾念之情，亦自无尽。故人可由祭祀以达其敬诚，成其感格。至于天地之为物，若只视之为有形质之物，则自不堪敬。然此天地，即一切人与万物之生命存在之根原。人与万物有其生命，则为其根原之天地，不得为无生命。人有其心，则为人之根原之天地，不得为无心。万物与人之生于天地之间者无穷，而其生物之事不可测，则天地之心、天地之生命，亦理当同其为无穷而不可测。此对天地之祭，即所以使人之生命心灵，由祭之敬诚，以上达于此无穷之生命与心灵，以与之感格，而使由此根原而生，若离于此根原者，更与此根原相契接，如海水之流入湖泽者再还通流于大海也。③

① 转引自冯友兰：《中国哲学史》上册，北京：商务印书馆，2011 年，第 373 页。
② 转引自冯友兰：《中国哲学简史》，北京：文化发展出版社，2017 年，第 140 页。
③ 刘梦溪：《中国现代学术经典·唐君毅卷》，石家庄：河北教育出版社，1996 年，第 706 页。

天道、神道、鬼道其实都是为人道代言，但统治者也不可在神鬼之道的外衣下胡作非为，而是要努力去效法天地自然的规律，由此展开的“经天纬地”更大意义上表现为向天地取法。

（一）纬地精神

伏羲是渔猎社会时代的领导者，神农是农业社会时代的领导者。渔猎社会的生活，是由西北高原一步步走向黄河上游流域发展的过程。而农业社会则须迁徙进入平原地带才能获得更为广阔的生存空间。《诗经·大雅》中的《公刘》《生民》等诗歌，就记录了周朝的始祖带领族人一步步迁往更为宜居的中原地带的故事。这里所谓的“纬地”，其实就是为农事生产创造便利的地理条件和自然环境。在漫长的农业社会中，农民因为缺乏现代科学技术，面对充满不确定性的自然环境，只能转而向上天祈求风调雨顺、远离灾祸。因此，农业神和祖先神的崇拜就成了中国祭祀系统中最独特的风景。几千年的封建王朝从京城到省会再到县府，每一个行政中心都设有全套标准化的祭坛来祭祀各类与农业生产相关的神灵。“提起北京，一定不会忘记天坛祈年殿的庄严肃穆。在省会和县府则都设有神农坛（祭拜农业始祖的神坛）、社稷坛（祭拜土地收成的祭坛）和雨坛（祭拜风、云、雷、电、雨神和旱神的祭坛）。每年的春季，以及秋季的某些时候，全国上下，从帝王到各省及至县郡的地方官，都会代表农民仪式性地耕种土地、在祭坛向农神献祭，以祈求从超自然力量那里得到帮助，带来一年的‘风调雨顺’。”[①]但光是一味地祈求上苍的庇护是没有用的，还需要自己动手改造环境。神话故事“愚公移山”“精卫填海”，其实就是表彰这种不屈不挠的“纬地”精神。为了农事生产，百姓除了营山造水、垫高掘低、阡陌交通以外，所面对的最大的困扰当来自洪水。所以所谓的“纬地”实际主要指的是治水。当时各类庙宇祭坛祭祀的主神很重要的一类就是掌管供水量的大神。它们需要在干旱之季带来祥云喜雨，在洪涝之时控制淫雨、疏浚河道。举凡各类掌管云雨、河流的龙神、河神、雨神、水神和大禹都是祭拜的对象。在广袤的农耕地区各类祭拜水神的庙宇无处不在。

与中国的洪水神话不同，西方海洋文明因为受海洋之恩赐颇多，生活资料多取自海中，因而对海洋喜怒无常之天性是既爱又恨。因而，其洪水神话多带有上天对人类不知餍足的欲望的惩戒的味道。以《圣经·创世纪》第

① 杨庆堃：《中国社会的信仰》修订版，范丽珠译，成都：四川人民出版社，2016年，第52页。

6、7、8 三章所写上帝发洪水淹没世界、毁灭人类为例，根本原因还是出于对亚当、夏娃触犯原罪被逐一路发展下来。两河流域的苏美尔和巴比伦的大洪水神话故事结构与此类似。人类对于上天的旨意是无能为力的，所能做的也只有逆来顺受，治理洪水就更无从谈起。所以说西方的洪水神话的本意可以理解为“神用洪水惩罚人的故事”。而中国的洪水神话往往演变为治水神话，人定都可以胜“天”，遑论土地和洪水。因此治水神话也就象征着“一个人是如何因治水之功而修习成神的”。其中蕴含着对灾难的态度不是逆来顺受的被动接受，而是积极应对、直面困难的经纬天地的精神，这与《易经・乾卦》中“天行健，君子当以自强不息”的精神一脉相承，对中国文化影响至深。还需要看到的是，治水神话中“天帝殛鲧、禹承父志”蕴含着前赴后继、生生不息的精神。而治水所用的“息壤”更是把“生生不息”的意义演绎得淋漓尽致。“息壤”不息，“息”的本意指气息，即一呼一吸。而人类在一呼一吸之间就有了生命，因此“息”的引申意即为生长、更替。《汉书・宣帝纪》“刑者不可息”，颜师古注曰：“息谓生长也。”《孟子・告子上》“日夜之所息”就是更替的意思。“息壤”实则为可大可小、随物赋形的土地。这些会生长膨胀的土地，其实并没有什么特殊的隐射，它所蕴含的恰恰是从《易经》到儒家思想中中华民族最核心的价值观念——生生不息。因此，关于治水神话我们可以梳理出一条清晰地“土地至上—积极治理—导胜于堵—生生不息”的文化精神的线索。如果把上面的“土地”改为“百姓”，则可以看到治水精神与“百姓至上—积极治理—导胜于堵—生生不息”这一治国理念不谋而合。这也就是千百年来中国人“以水喻道”，用治理洪水来影射治理天下的根本原因。而从“天人合一”的理念来看的话，治水神话也可以被引申为治理人身上的病理，在这个意义上治水神话的寓意远远超出了治水的范畴。王充在《论衡》卷十五《顺鼓》中写道：

> 夫尧之使禹治水，犹病水者之使医也。然则尧之洪水，天地之水病也；禹之治水，洪水之良医也。[①]

这一点南怀瑾先生在《禅宗与道家》一书中也曾谈道：“中国几千年来帝王时代，首要大事便是对于黄河水患的防治与长江的水利开发。尤其黄河水患，历史上，小灾不出十余年，大灾不外三十年，必会造成黄河下游流域的中原地带等区域的灾害。…由伏羲画卦，经神农、黄帝而到尧舜以后，大

① 黄晖：《论衡校释（附刘盼遂集解）》卷十五《顺鼓》，北京：中华书局，1990 年，第 688 页。

禹是中国上古建国史上划时代的人物。”正是经过尧、舜、禹这些古圣先帝对大地的经纬治理，才奠定了中国的千年农耕文明的根基。对大地的经纬表现了人类祖先自强不息、勇于挑战、坚韧不拔、改造自然的伟大精神，伏羲画八卦、鲧禹治水、精卫填海、愚公移山、共工怒触不周之山等神话，就是对这种改造大地为我所用的“纬地”精神的彰显。

（二）经天精神

“天”在中国哲学中的地位至高无上，如杨庆堃先生所说：“儒家学说的一个重要前提是，人类只有调整社会秩序以适应自身所属的宇宙秩序，才能达到和谐，获取幸福。早期人们对宇宙秩序的认识远远不够完善，因而，古代一些神秘之说，比如天的超自然含义等，作为对理性思想无法给出答案的事件的解释，在某种程度上不可避免地依旧存留于人们的观念之中”。[①]在孔子之前的时代，天被视为一种至高无上的人格化的力量，可以裁决自然界和人类的事务，执行赏罚之权力。这与清朝著名儒学家钱大昕的结论不谋而合，钱氏认为：“古书言天道者，皆主吉凶祸福而言。”[②]孔子是否完全受到古人天人合一论的影响呢？“天”字在《论语》中一共出现 18 次，并且无一例外地作为意志、行动或情感的主体。即便孔子有曰“天不言”，他也可能是说，天能言而不言，因为其意志在四季轮回和万物生长中充分得以展现。[③]因此如何体认“天人关系”是儒学的中心问题。儒家对天人关系的看法大体可以归纳为三种观点：

1. 天人相分

认为天与人、自然与社会各有自身职分和规律，人有人道、天有天道，不可越俎代庖。这种观点以春秋时郑国的执政大臣子产为代表。《左传》中所载子产的例子最具说服力。《左传・昭公十六年》载：“郑大旱，使屠击、祝款、竖柎有事于桑山，斩其木，不雨。子产曰：‘有事于山，艺山林也，而斩其木，其罪大矣。’夺之官邑”。郑国大旱，巫觋打着启雨的旗号破坏山林，遭到了执政大臣子产的严惩，他认为砍树取悦上天并不能换来雨水。又《左传・昭公十八年》记：“夏五月，火始昏见。丙子，风。梓慎曰：‘是谓融风，火之始也。七日，其火作乎？’戊寅，风甚。壬午，大甚。宋、卫、陈、郑皆火。梓慎登大庭氏之库以望之，曰：‘宋、卫、陈、郑也。’数日，

① 杨庆堃：《中国社会的信仰》修订版，范丽珠译，成都：四川人民出版社，2016 年，第 195 页。
②（清）钱大昕：《十驾斋养新录》卷 3，上海：上海书店，2011 年，第 41 页。
③ 杨庆堃：《中国社会的信仰》修订版，范丽珠译，成都：四川人民出版社，2016 年，第 194 页。

皆来告火。裨灶曰：‘不用吾言，郑又将火。’郑人请用之，子产不可。子大叔曰：‘宝，以保民也。若有火，国几亡。可以救亡，子何爱焉？’子产曰：‘天道远，人道迩，非所及也，何以知之？灶焉知天道？是亦多言矣，岂不或信？’遂不与。亦不复火。……七月，郑子产为火故，大为社，祓禳于四方，振除火灾，礼也。”①子产作为执政大臣其实对祭祀非常熟悉，但是却不盲目地搞祭祀活动。他说得很清楚，祭祀山神，应当培育和保护山林。裨灶前一年就说：“若我用瓘斝玉瓒，郑必不火”，子产就没给他。求了一年也不行，即使举国呼吁也没用。子产一针见血说道：“裨灶这种人，无非是喜欢乱预言，说得多了，当然偶尔也会对个一两次，他懂什么天道”。七月着火时，他照样祭祀社神、四方神。显然，子产对祭祀有自己的理解和原则，所谓的祭祀绝不是一味地献媚取悦上天，前提是一定要坚守人间的秩序和规矩。等到了荀子在《天论》更是明确提出“明于天人之分，则可谓至人也”，天有天道，人有本分，尽了人的本分和职责才能奢谈天道，而不是不尽人事只听天命。这和孔子发出的：“鸟兽不可以同群，吾非斯人之徒与而谁与”的感叹一脉相承。人有人的本分、鸟兽有鸟兽的本分、天有天的本分（道）。人就应该和人待在一起，尽人事，只有处理好人与人之间的关才能进一步处理好人与鸟兽、万物的关系，人与自然天道的关系。按照这种“以人为本”的观点，作为一家之言的道家和阴阳家都有它极大的局限性，道家把着眼点放到了如何更好地处理人与自然的关系上；阴阳家把重心放在了如何处理人与自然天道上。按照儒家的观点这些都是舍本逐末，本末倒置了。因为“未知事人。焉知事鬼？”没做好人，其他一切免谈。

2. 天人相感

认为天与人、自然与社会人事之间可以互相参与、感应与影响，代表人物是孔子的孙子子思。子思在《中庸》中开篇就提到：“天命之谓性，率性之谓道，修道之谓教，道也者不可须臾离也，可离非道也。”人只有通过“诚”才能下尽人道、上达天道。“自诚明，谓之性；自明诚，谓之教。诚则明矣，明则诚矣。唯天下之至诚，为能尽其性，能尽其性，则能尽人之性，能尽人之性，则能尽物之性，能尽物之性，则可以赞天地之化育，可以赞天地之化育，则可以与天地参矣”。汉语中的感应一词最能说明“天人相感”的观点。人有感则天必有应，人心诚则天道明。感小则应小，感大则应大，

① 王守谦、金秀珍、王凤春：《左传全译》，贵阳：贵州人民出版社，1990 年，第 1276—1279 页。

无感则无应。在这里天道成了人的所有道德行为的投影仪，如何评价自己德行操守的优劣秩序只需仰观天象即可。《中庸》中“天人相感”的思想对后世儒家影响极大，后来董仲舒认为自己得到了孔门心法，在此基础上提出著名的“天人三策”，提出“天人相与之际甚可畏也”的观点，对中国历史影响至深。

3. 天人合一

认为天道与人道、自然与人事是合二为一的，代表人物为孟子。孔子承认“天”，认为人的天性德行禀之于天。他在《论语·述而》篇中的夫子自道“天生德于予，桓魋其如予何”的道德自信即来源于此。但关于天道与人道、生与死、人与鬼这些形而上的事情夫子闭口不谈。“夫子之言天道与性命不可得而闻欤”！只说了一句意味深长的“性相近也，习相远也”！孔子不给人性下定义是有苦衷的。作为哲学上第一义的人性一旦定义为真、善、美等正面的含义就已经落到了第二义上。因为有正面必有负面，定义了高尚的行为，必有卑劣的行为为之映衬。有真善美，必有假恶丑。这与哲学中第一义禀之于天的天性不符。既然是第一义就一定是统摄正反、不可相分的。正如太极统摄两仪一般。既然天命之谓性，受命于天的人性一定是第一义的，不能人为地区分善恶。因此，不能笃定地给人性下定义。只能从用上谈而不能从体上谈。所以夫子说：“性相近也，习相远也。”即区分了形形色色的人群，将人的差别归因于后天习性的养成，这对人性的探讨留有很大的余地，夫子真是一片苦心。但等到了孟子所处的战国中晚期时代，周天子式微，诸侯征战不休，造成世风日下、人心不古的局面，整个社会的道德水平迅速滑坡，必须用善恶荣辱来感召世人。因此，孟子不得已明确地提出了自己的“天人观”和“性善论”。《孟子·尽心上》载：“尽其心者，知其性也。知其性，则知天矣。存其心，养其性，所以事天也。夭寿不二，修身以俟之，所以立命也。”他认为人的心、性与天本为一体，所以尽心方能知性，知性才能知天。董仲舒更是在《春秋繁露》中认为：“天者，万物之祖，万物非天不生。”“为人者天也，人之为人本于天，天亦人之曾祖父也。”“天者，百神之君也。”“唯天子受命于天，天下受命于天子。”“天人之际，合而为一。”到此“天人合一”的思想在儒家的理论体系中渐趋成熟。

天这种高高在上、主宰一切的特性并不是一成不变的，人们不满足于天人之间垂直的、单向度的支配与被支配的关系，如何在天意中加进去人的意志是帝王必须面对的首要课题。因此，就出现了上面列举的“天人相分”

“天人相感”“天人合一”等诸多解释，这些无非都是帝王想要人定胜天、以人制天的理论铺垫罢了。

在中国上古文化中，至晚到了周朝在“天”的概念中就包括了观测天文现象掌握天体运行的规律，并将这种规律运用到指导农事生产中去的含义，这与商朝时期仅凭甲骨占卜来预测不可更改的天命已经有了很大的进步，一方面是理性精神的加强；另一方面是人力的参与甚至改变。此时的帝王有一项非常重要的工作，即“观象授时”。观测天象，总结天体运行规律，以此创制历法，颁行天下。可以看到所谓的“观象授时”是在神治的基础之上加入了很多人为的因素。

农业社会五谷的种植与天气征候、时令节气关系极为密切，只有很好地掌握了准确的农时节气、预测气候的变化才能更好地服务于农业。因此一个帝王不光要上晓天文，更要下知地理。光知道天文还不够，最好是能通过至诚感动上苍，进而改变天时为我所用。帝王“祈禳”雨水、洪灾、瘟疫的举动，其本意就是对自然规律的挑战和改变。《国语》载：五帝之一的“帝喾”最大的功业就在于“能序三辰以固民”，即用准确的季节时令的变化规律来指导农事生产以稳定民心，而被后世奉为“谷神”的后稷也有类似的功业。

（后稷）童龀好于稼穑，及长仰伺房星以为农候。①

上述引文中所述“仰伺房星，以为农候”说的是对房星运行轨迹的观察，掌握时令节气的变化以指导农业种植，以“播时百谷”。通过对“天”运行规律的把握来指导农事生产，这在上古农业社会显得尤其重要。在《国语·周语下》中记载：

昔武王伐殷，岁在鹑火，月在天驷……月之所在，辰马农祥也，我太祖后稷之所经纬也。

韦昭注曰：“辰马，谓房、心星也。心星所在大辰之次为天驷。驷，马也，故曰辰马。言月在房，合于农祥。祥，犹象也。房星辰正，而农事起焉，故谓之农祥。”②

通过韦昭的注可知，所谓辰马即房、心二宿，二者正，则被视为“农祥”。《毛诗正义·大明》也有明确记载：“房、心为大辰，大辰农正而农事

① 徐宗元：《帝王世纪辑存·周》，北京：中华书局，1964年，第78页。
② 徐元浩：《国语集解》，北京：中华书局，2002年，第123—125页。

起，谓之农祥，后稷播殖百谷，月在农祥之星，则月亦佑周。”[①]《国语·周语上》载：“古者，太史顺时视土……农祥辰正，日月底于天庙，土乃脉发。”正是通过对房、心等被视为“农祥”的时令的准确把握，后稷等农业始祖“上率天时，下袭水土”，一步步完成了对天地宇宙自然运行规律的观测掌握，进而总结为简单易懂的农事歌谣、谚语，用来指导百姓的耕种生产。这体现的是先民遵守天地秩序、勤于观察、乐于思考、善于总结的理性自信的精神。我们所熟知的女娲补天、盘古开天、夸父追日、后羿射日等神话，正是对这种经天纬地、人定胜天的不屈斗争精神的肯定与传唱。

二、“黄帝四面”与“夔一足也”

作为中华人文始祖，黄帝在三皇五帝中的地位也是举足轻重。中华文化到了黄帝开始将关注的重心转向了文化体制的建设，这是具有划时代意义的。马克思称中华文明为早熟的文明也是基于这样的判断。当其他文明还处在孩提时代的游戏中时，中华文明已将开始了文化体制、文明规制的建设。黄帝不但建立了中国原始科学文化的体系，他还开始创造文字，发明正乐乐律的律吕，制作度量衡，建立政治体制，并且开始设立延续前年的“史官”制度。在传统的历史观念中，上古一切文化文明的肇始发源皆归于黄帝，即司马迁所谓的“黄帝，学者所共术。”但就是这位学者所共术的人文始祖，却一直以“黄帝四面”的形象示人。长期以来学界对于一条“黄帝四面”的神话的真实含义争论不休，很多人顾名思义认为黄帝应该有四张脸，是典型的神话人物，我们通过对文献资料的研究也来探讨一下这则“神话”的真正内涵。

《太平御览》卷 79 引《尸子》云：

> 子贡曰：“古者黄帝四面，信乎？”孔子曰：“黄帝取合己者四人，使治四方，不计而耦，不约而成，此之谓四面。”

历来关于“黄帝四面”的解释大致有以下几种观点：

（1）黄帝派自己的四名亲信治理四方。这是孔子的阐释。据说黄帝长了四张面孔，子贡不信，去请教孔子。孔子回答说，并不是黄帝长了四张面孔，而是他派与自己有共同志向的四个人去巡狩代治四方，达到了自己亲自治理的效果。关于四人是谁，在《史记》中司马迁给出了这样明确的说法：

① （汉）毛公传、（汉）郑玄笺、（唐）孔颖达等正义：《毛诗正义》，上海：上海古籍出版社，1990 年，第 542 页。

“黄帝举风后、力牧、常先、大鸿以治民。”

（2）布诚心于四方。郭元兴先生认为：“黄帝性和，好问，动为世法；布诚心于四方，朝野情通，海内如一。复能前后参询，左右采获，凡所施为，悉依众谋。此其所以能为天下所宗也。”[①]按照这种解释所谓的“黄帝四面”就是黄帝至诚感天，布诚心于四面，简称为“黄帝四面”。

（3）黄帝四面是指宗庙明堂的结构。[②]

（4）远古的走婚制。所谓“黄帝四面”就是说处于中原地区的黄帝族人，四方去走婚，以团结四夷建立统一部族。[③]

（5）黄帝四面其实是一个与古代天道模式有关的神话隐语。[④]

（6）黄帝画了自己的四张像，挂在四个方向，使四方的臣工百姓都能看到他，“设象以为民纪”，达到治理天下的目的。使四方面百姓都知道，圣王时刻在关注他们，产生一种强大的精神力量。所以在先秦古籍中有“三皇无文，五帝画像”及“三皇设言民不讳，五帝画像世顺机”的记叙。

到了长沙马王堆西汉墓出土帛书《十六经・立命》时，对“黄帝四面”做了如下的解释：“黄宗（帝）质始好信，作自为象，方四面，傅一心。四达自中，前参后参，左参右参，践立履参，是以能为天下宗。君受命于天，定位于地，成名于人。唯余一人乃配天，乃立王、三公，立国置君、三卿。数日历月计岁，以当日月之行。吾类天大明。”按照《十六经・立命》的解释：黄帝质始好信，所以自己做了四张像面向东南西北四方，这样既可以同时接受来自四方的氏族小国的朝拜，也表示黄帝是出于公心，一视同仁地对待四方氏族的。所谓的四面之说，即黄帝在一座公平的宫殿中接见各方诸侯，接受参拜。

以上的各种说法到底哪种更接近事实的真相呢？我认为还是孔子的解释最为合理可信，这在很多文献资料中也得到了进一步的印证。

《太平御览》卷七九引《龙鱼河图》云：

> 蚩尤没后，天下复扰乱不宁，黄帝遂画蚩尤形象，以威天下。天下

① 郭元兴：《读〈经法〉》，朱东润、李俊民、罗竹风主编：《中华文史论丛》第2辑，上海：上海古籍出版社，1979年，第127页。

② 叶舒宪：《中国神话哲学》，北京：中国社会科学出版社，1992年，第178—183页。

③ 郑兴先：《“黄帝四面”神话的历史学阐释》，《河南师范大学学报》（哲学社会科学版）2008第2期，第137页。

④ 张和平：《神话隐语与天道模式——“黄帝四面”之谜的再解读》，《北京师范大学学报》（社会科学版）2007年第4期，第64页。

咸谓蚩尤不死，八方万邦皆为殄伏。[①]

于此可知，战死的蚩尤并不是被当作反面教材弃之不顾，相反他身上所体现的勇武不屈的斗争精神被黄帝所看重，为了天下太平，蚩尤被黄帝一步步推为类似后世关公的武圣和民族的守护神。也就是说圣人并不以成败论英雄，只要对教育教化有功效，皆可为我所用，哪怕是曾经反对过自己的手下败将。黄帝就曾用蚩尤威严勇猛的画像作为震慑四方的力量。

其实帝王居中接受四方朝拜，同时派驻使者代治四方的做法古已有之，于礼有据。《周礼夏官·司士》曰：“正朝仪之位，辨其贵贱之等，王南向，三公北面东上，孤东面北上，卿大夫西面北上。”《礼记·郊特祭》载：“臣北面答君也。”《孟子·万章上》云：“舜南面而立，尧帅诸侯，北面而朝之。”

类似的记载还出现在《管子·五行篇》：

> 昔者黄帝得蚩尤而明于天道，得大常而察于地利，得奢龙而辩于东方，得祝融而辩于南方，得大封而辩于西方，得后土而辩于北方。黄帝得六相而天地治、神明至。蚩尤明乎天道，故为使当时，大常察于地利，故使为禀者……

《世本·作篇》载

> 黄帝使羲和作占日，常仪作占月，臾区占星气，伶伦造律吕，隶首作算术，容成作调历，沮涌、仓颉作书。

可见帮助黄帝治理天下垂范四方的蚩尤、大常、奢龙、祝融、大封、后土等“六相”和羲和、常仪、臾区、伶伦、隶首、容成、沮涌、仓颉等圣贤，实际上都是天文、历算、音乐、文化方面的专家。所以说，所谓的“黄帝四面”实际上就是黄帝和方方面面的贤者、专家共同教化百姓、治理天下。

汉代古籍《越绝书》载：

> 炎帝有天下以传黄帝，黄帝于是上事天；下治地，故少昊治西方，蚩尤佐之，使主金。

到了《山海经》就更加清楚了给出了“四面代治”之人的名字和形象：

> 南方祝融，兽身人面，乘两龙；
>
> 西方蓐收，左耳有蛇，乘两龙；
>
> 北方禺疆，人面鸟身，珥两青蛇，践两青蛇；

① （宋）李昉等：《太平御览》，北京：中华书局，1960年，第368页。

东方句芒，鸟身人面，乘两龙。

从上面的史料中可以看出，黄帝派驻使者代治东西南北四方的说法显然受到“五行”思想的影响。按照五行，中央属土，四方拱卫。黄帝居中垂范天下，派驻大臣治理四方，简称“黄帝四面”。以四面指代天下四方，并非真的派驻四人。这和“中原”“九州”的思想一脉相承，体现了中央天子的高贵和伟大。据《淮南子·天文训》载：“中央土也，其帝黄帝，执绳而治四方。”指黄帝居中以既定的准绳、原则治理四方。所以《易·说卦》说：“圣人南面而听天下，向明而治。”中国文化中对数字“四”和“九”的崇拜也源于大禹和五行思想。《拾遗记》卷二云：“禹铸九鼎，王者以应阳法，四者以象阳数。使工匠以雌金为阳鼎，以雄金为阳鼎。鼎中常满，以占气象之休否。当夏桀之世，鼎水忽沸。乃周将末，九鼎咸震，解应天亡之兆。后世圣人，因禹之迹，代代铸鼎焉。”“鼎之轻重，似可问焉”，象征政权更迭的“问鼎”“九鼎”之说即源于此。甚至连黄帝名称的来由，也显然是受到了“五行思想”的影响。

和“黄帝四面”同样争论不休的，还有关于“夔一足也”的记述。对这个问题的深入探讨将有助于我们更好的理解“圣人以神道设教”的深刻含义。据《韩非子·外储说左》载：

鲁哀公问于孔子曰：“吾闻古者有夔一足，其国信有一足乎？鲁哀公问于孔子曰：“吾闻古者有夔一足，其果信有一足乎？”孔子对曰：“不也，夔非一足也。夔者忿戾恶心，人多不说喜也。虽然，其所以得免于人害者，以其信也。人皆曰：‘独此一，足矣。’夔非一足也，一而足也。”哀公曰：“审而是，固足矣。”

一曰：哀公问于孔子曰：“吾闻夔一足，信乎？”曰：“夔，人也，何故一足？彼其无他异，而独通于声。尧曰：‘夔一而足矣。’使为乐正。”故君子曰：‘夔有一足。’非一足也。”

后世论者多以此二例攻击夫子不语怪力乱神，刻意将上古神话、传说人为阉割，使神话这一最具原生态性质表现初民朴素的情感和幻想的文学样式，既失去了文学的价值，同时也失去了史学价值。持此论者以茅盾之说尤甚。“最后来了历史（学）家。这些原始的历史（学）家（例如希腊的希洛道忒司）把神话里的神仙都算作古代帝皇，把那些神话当作历史抄了下来。所以他们也保存神话。他们抄录的时候说不定也要随手改动几处，然而想来大概不至于很失原样。可是原始的历史（学）家以后来了开明的历史（学）

家，他们都捧着这些由神话转变而来的史料皱眉头了。他们便放手删削修改，结果成了他们看了尚可示人的历史，但实际上既非真历史，也并且失去了真神话。所以他们只是修改神话，只是消灭神话。中国神话之大部分恐是这样的被‘秉笔’的‘太史公’消灭了去了。”①

的确我们可以找到“夔一足也”的神话解读的证据，在这里，所谓的夔真的是只有一足的灵兽。它的形貌很像《西游记》中牛魔王的坐骑“碧水金睛兽”。《山海经·大荒东经》载：

东海中有流波山，入海七千里。其上有兽，状如牛，仓身而无角，一足；出入水则必风雨；其光如日月，其声如雷，其名曰夔。黄帝得之，以其皮为鼓。橛以雷兽之骨，声闻五百里，以威天下。

这种颇具神话色彩的记述显然是后出文献的附会之辞。

其实所谓“夔一足也”中的夔就是舜时期的乐官，正史多有记述。《尚书·舜典》载，帝曰：“夔！命汝典乐，教胄子，直而温，宽而栗，刚而无虐，简而无傲。诗言志，歌永言，声依永，律和声。八音克谐，无相夺伦，神人以和。”（帝舜说：“夔！任命你掌管音乐事物，负责教导年轻人，使他们正直而温和，宽大而坚栗，刚毅而不粗暴，简约而不傲慢。诗是表达思想感情的，歌是唱出来的语言，五声是根据所唱而制定的，六律是和谐五声的。使八类乐器的声音能够协调，不使它们乱了次序，那么神和人都会因此而和谐了。”）于是夔受命行乐以致“箫韶九成，有凤来仪”。《韶》乐也因此成了舜时代歌颂舜功业最为神圣的一种乐舞。因为《韶》的主要伴奏乐器是箫，故又作《箫韶》，而《韶》的音乐据说要重复演奏九遍，因此也叫《九韶》。相应的《韶》乐的伴歌则被称为《九歌》。由于《韶》乐乐曲动人，美妙异常，是真正的天籁之音，据说每次演奏百兽率舞，有凤来仪。《尚书·益稷》也说：“笙镛以间，鸟兽跄跄，箫韶九成，凤凰来仪。”

无独有偶，和《韶》乐有着相同属性的歌颂帝王功业的乐舞，还有大禹时代的乐舞《夏籥》，即《大夏》，是专门用来歌颂大禹治水成功的乐舞。《吕氏春秋·仲夏纪·古乐篇》说：“禹立……于是命皋陶为《夏籥》九成，以昭其功。”夔和皋陶两位出色的音乐家用音乐见记录了上古舜、禹两个伟大帝王的时代。

夔对音乐的贡献在《史记》卷二《夏本纪》中的记述更加详细：

① 袁珂：《古神话选释》，北京：人民文学出版社，1979 年，第 3—4 页。

于是夔行乐，祖考至，群后相让，鸟兽翔舞，《箫韶》九成，凤凰来仪，百兽率舞，百官信谐。帝用此作歌曰："陟天之命，维时维几。"乃歌曰："股肱喜哉，元首起哉，百工熙哉！"皋陶拜手稽首扬言曰："念哉，率为兴事，慎乃宪，敬哉！"乃更为歌曰："元首明哉，股肱良哉，庶事康哉！"（舜）又歌曰："元首从脞哉，股肱惰哉。万事堕哉！"帝拜曰："然，往钦哉！"①

于是天下皆宗大禹之明度数声乐，为山川神主。至此，携治水之功的大禹得到天下百姓的认可，被尊奉为山川河流百神之主。舜借机就向上天推荐大禹为继任的天子。

那么这个擅长音乐能够使凤凰来仪、百兽率舞的大音乐家夔又是如何变成"一足"的呢？为什么要将两足之人变为一足之人呢？下面的文献道出了其中的玄机。《风俗通义》卷二《正失》载："夔，一足而精专，故能调畅于音乐。"原来"少则得，多则惑"，说夔一足是为了强调他"一足而精专，故能调畅于音乐"。很显然这种说法是受了《庄子·德充符》中的兀者王骀、申徒嘉、叔山无趾、瓮盎大瘿等得道之人故事的影响，"四者，天鬻也。天鬻者，天食也。既受食于天，又恶用人！有人之形，无人之情。有人之形，故群于人；无人之情，故是非不得于身。眇乎小哉，所以属于人也；謷乎大哉，独成其天"。庄子认为一个人如果有生理缺陷的话，反而可以不受"身累"，更容易切入到道德的境界中去。同样的道理，因世人都是两足，所以容易三心二意；动物更是多于两足，一足之物实为罕见，因此无论是人、是兽，夔只有一足就较之于同类更容易专心于乐律的体会和对生命大道的参悟修养。

至此我们也就明白了，最初所谓的"夔一足也"的神话，是为了强调"天残之物不受身累"，也就是身体的残障得到了心灵和情志的弥补。但进入周王朝，随着理性精神的增强，这个故事就显得过于荒诞不经，加之"子不语怪力乱神"，因此所谓的"夔一足也"的文化解读，实际上体现了孔子教化众生的良苦用心，并不是什么对神话的人为阉割。

《大戴礼记·五帝德》载：

宰我问孔子曰："昔者予闻诸荣伊令，黄帝三百年。请问：黄帝者，人耶？抑非人耶？"孔子曰："生而民得其利百年，死而民畏其神

① （汉）司马迁：《史记》卷二《夏本纪》，北京：中华书局，1959年，第81—82页。

百年，亡而民用其教百年，故曰三百年。”

孔子的说法实际上是有一定的道理的。在《道德经》中明确记载：“强行者有志，不失其所者久，死而不亡者寿。”简而言之“死”指的是失去肉体的生命；“亡”指的是指精神的消亡；“死而不亡者寿”指人的肉体死了，但是精神还能留存下来不消亡，这才是长寿。这样说来孔子真正想表达的是由于黄帝的功业在他活着的时候百姓恩露均沾，这一点有史为证，而在其死后即被神化和道德化，即所谓“死而民畏其神百年”。这一点史书也多有记载。以致有的学者认为：“黄帝是一位集最高神、雷电之神、英雄祖先、文化英雄于一身的综合体。”[①]百年之后理性精神复归，褪去神话色彩，而将其高度道德化、圣人化，所以说“亡而民用其教百年”。由此可以看出中国上古神话人物发展的一个清晰的脉络。即氏族领袖或帝王死后被神化为神，而其人间功业也被无限放大进而成为专司某业之神，之后随着理性精神的出现，神迹褪去复归为人，成为因功业而享受祭祀的圣人。我们可以看出清晰的由人—神—圣的神话发展的过程。因此可以做一个大胆的猜测。中国的很多神话都和“黄帝四面”“夔一足也”“帝三百年”一样经过后世两次大的“手术”，第一次为彰显神迹以行教化之功而将人神化，第二次伴随着理性精神的发达，同样是为了教化而将神人化。人创造了神又将神还原成人。神话故事中的人也好、神也罢，都是圣人相机说教的符号，切不可执象以忘体，注筌而忘鱼。

三、“自神其说”与“化身神圣”

神话中的神的另一种表述方式是英雄。神或者说英雄对于早期文明的起源、发展有着至关重要的作用，中国文化如此，西方文化也不例外：

> 英雄对于一个文化来说非常重要，特别当众神不再下到人间与我们相会的时候。英雄（在男权家长制的文化中通常是男性，如欧洲的那些英雄）通常是神和人结合的后代。他们拥有不同程度的超人的品质，但是他们同我们一样，也是货真价实的人类。阿基里斯、赫拉克勒斯、奥德修斯、库楚莱恩（Cúchulainn）、齐格弗里德、莱门卡伊宁（Lemminkäinen）和贝奥武夫（Beowulf），都是欧洲神话中的英雄，他们的力量来自与神的某些联系，不过，他们同样也经受了人类生活的痛

① 鲁刚：《文化神话学》，北京：社会科学文献出版社，2009年，第29页。

苦与欢乐。英雄们是神话故事世界中的我们本身，是我们首先作为各种文明、然后作为一个物种的集体心智的表达。库楚莱恩反映了爱尔兰人在肉体和精神上的经历，而阿基里斯不可能反映别的什么人，只能是古代希腊人的经历。但是，当我们比较来自不同文化的英雄时，约瑟夫·坎贝尔的单一神话模式凸显出来，因此我们发现，一个属于印欧语族传统的，属于欧洲的神话英雄，基本上也是属于全人类的。①

我们看到中国上古神话中的很多形象其实最初都是帮助帝王经天纬地、创制礼乐、治理天下的各方面的英雄、专家，因为他们的草创之功、经纬之绩一步步的被推向了行业神、祖先神而接受后人的祭祀膜拜。

当尧之时，舜为司徒，契为司马，禹为司空，后稷为田畴，夔为乐正，倕为工师，伯夷为秩宗，皋陶为大理，益掌敺禽。(《说苑·君道》)

皋陶鸟喙，是谓至信，决狱明白，察于人情。(《白虎通义·圣人》)

仓颉作书而天雨粟，鬼夜哭。(《淮南子·精神篇》)

黄帝……乃命三后，恤功于民：伯夷降典，折民惟刑；禹平水土，主名山川；稷降播种，农殖百谷。《尚书·吕刑》

宰我曰："请问帝舜。"孔子曰："使后稷播种，务勤嘉谷，以作民饮食。"(《大戴礼记·五德纪》)

我们所熟悉的农业始祖后稷、造字始祖仓颉、音乐始祖夔、道德楷模伯夷、司法始祖皋陶等人，就是因为在各自职业范畴内的突出贡献，而一步步被演变成了行业神。至此我们也就知道，神话中的神的产生绝不是空穴来风，神的事迹更不是肆意编造，追根溯源都有其文化文明根基。而创造神或者神话也绝不是"初民多余精力的释放"，而是帝王的刻意为之。在中国的神话和文化系统中，人—圣—神往往是一脉相承的。

可见各学派竞相假托古圣先王目的都是为了"自神其教"，以方便自己政治主张的传播。

在这种轰轰烈烈的造神运动中，我们看到神话中的帝王、圣人所做之事都是为了世道民心鞠躬尽瘁，而无丝毫私心羼杂其中。圣人的言行一方面是为了昭告众人：圣人之为圣，盖出自言行为公、律己严明，即圣人因其德行操守和实际事功而为帝为圣；另一方面高悬鹄的，以神话这种最廉价有效的教育手段劝勉凡夫，以达到劝人为善的目的。同时宣称人人皆可为圣贤，感

① (美) 戴维·李明：《欧洲神话的世界》，杨立新、冷杉译，北京：生活·读书·新知三联书店，2010年，第174—175页。

召众生在圣贤的光辉和丰功伟绩下趋之若鹜地奔向成圣成贤之路。既然是神话，虽然对于神的存在言之凿凿，毕竟人人无从亲见，即所谓“若存若亡”，全靠传说；但神又是人间祸福的施予与裁决者，和百姓的生活息息相关，无可征信又不能不信。由此则神话真正成了任人打扮的小女孩。更有甚者，可以自着巫衣，粉墨登场，有板有眼，夸张演绎一番。如此代代相传，加之与大一统的王道思想相衔接，人人抱定“存敬”与“宁信其有，不信其无”的思想，终于使神话真正变成了“事事无可征信，人人必不可不信”的神旨。

我们必须认识到，在中国上古的神话中，神之所以为神，不是因为他身上神力和神迹，而是因为他为天下百姓做出的功业，这一点我们从古人祭祀对象的选择标准上就可以看出。《国语》记载周人祭祀大典分五类——禘、郊、祖、宗、报。而周人确立宗庙祭祀的标准则是：“法施于民则祀之，以死勤事则祀之，以劳定国则祀之，能御大灾则祀之，能捍大患则祀之。”[①]与商人的重天命的祭礼不同，周人能够配享圣庙、进入神界不再仅凭受命于天，而主要是“法治、勤事、服劳、定国、御灾、捍大患”等现实的治国理政、黾勉勤事的功业。祭祀的目的也由之前的取悦神灵以获福佑，变为通过仪式凝聚人心，以培养对神的功业的感激之情和自我的进取之心。甚至有时在祭祀中可以不必出现神。冯友兰先生曾举出《国语·楚语》中观射父论祭祀的一段话来说明这一点：“肃肃济济，如或临之”，是不必有临之者也。知不必有神临之，而犹祭祀者，盖欲藉此机会，使乡党亲族，得一聚会，并训练其虔敬之心。故祭祀之用，在“民所以摄固者也”。一语道破周朝时期祭祀的本质，即“民所以摄固者也”，这与商朝祭祀中那种敬神、畏神、娱神，以及“以神为本”的仪式截然不同。如唐君毅先生在《中国哲学之原始精神》中所说：唯在周代的封建宗法之制度中，含有此可安天下之“融摄家庭、社会、政治、宗教以为一”之伟大的文化精神。

殷人统治只强调政权的合理性、先天性，即所谓受命于天。只要不是过分的荒淫无道，帝王的德行和政绩盖可不论。而到了周朝，周人在“天命”的基础上，对帝王个人的操守和功业又有了“圣德”和“保民”的双重要求。周人重德，与殷人相比，在周人那里“圣德”取代了“天命”。也就是说帝王如果不修德行，只强调自己政权的“天命”的话，在周朝已经很难混

① 徐元诰：《国语集解》，北京：中华书局，2002 年，第 154—155 页。

下去了。后来甚至在天启的鸟衔丹书中，也将帝王功业的吉凶与仁德与否等同起来。《尚书》载："其书云：'敬胜怠者吉，怠胜敬者灭；义胜欲者从，欲胜义者凶。凡事不强则不枉，不敬则不正，枉者废灭，敬者万世。以仁得之，以仁守之，其量百世；以不仁得之，以仁守之，其量十世；以不仁得之，以不仁守之，不及其世。'"虽然只是一些"敬、义、仁"等抽象的道德说教，但较之于一元的"天命"观已经是很大的进步了，这些都可以看作是最早的对帝王德行的量化考核。

随着时代的发展和理性精神的增强，成神的指标也在发生微妙的变化。以前的对象是帝王，条件是"天命"，所以死后成神是帝王的特权。现在的对象是所有人，条件是"圣德"，只要终身践行道德，皆可成神。相反帝王的特权大大缩水，如果没有了"圣德"和"保民"，则帝王非但死后不可能置身神列，活着时甚至有可能被百姓放逐，而且丝毫得不到道义上的支持和同情。《左传·襄公十四年》载：

> 师旷侍于晋侯。晋侯曰："卫人出其君，不亦甚乎？"对曰："或者其君实甚。良君将赏善而刑淫，养民如子，盖之如天，容之如地。民奉其君，爱之如父母，仰之如日月，敬之如神明，畏之如雷霆，其可出乎？夫君，神之主而民之望也。若困民之主，匮神乏祀，百姓绝望，社稷无主，将安用之？弗去何为？天生民而立之君，使司牧之，勿使失性。"[①]

"保民"成了帝王成神的又一重要指标。《尚书·梓材》曰："欲至于万年，惟王子子孙孙永保民。"《尚书·无逸》也说："能保惠于庶民。""怀保小民，惠鲜鳏寡。"《尚书·召诰》曰："欲王以小民，受天永命。"要想自己的统治千秋万代，光有政权的合理性已经不靠谱了，必须努力做到"养民"和"保民"。相反，如果一个帝王逆天而行，不行王道，不能保民、不守圣德，招致民怨，则帝王亦需假手神力来苟延残喘，甚至嫁祸于神。《国语·周语》载："厉王虐，国人谤王。邵公告曰：'民不堪命矣'。王怒，得卫巫使监谤者，以告则杀之。"对此郭沫若先生认为："且看他用的是巫，而且用的是卫巫，卫是殷之旧地，这很明显地表明着厉王是怎样地依赖神祇。王者的暴虐是得到神权的保证的，王者的屠杀谤者自然是'恭行天罚'。王者在政治上的责任可以说是让天来担任了。"[②]但这种杀人弭谤的方法只能是

① 王守谦、金秀珍、王凤春：《左传全译》，贵阳：贵州人民出版社，1990年，第855页。
② 郭沫若：《郭沫若全集·历史编》，北京：人民出版社，1982年，第340页。

饮鸩止渴，一旦百姓对帝王的荒淫无道迁怒到不能赏善罚恶的上天的不公行为，必然会出现后来狂风暴雨般的类似《诗经·大雅》中的《板》《荡》之怒，这时候连助纣为虐、为虎作伥的神也在反抗诅咒之列。

到了周朝时期，帝王统治的合法性和永久性中最重要的因素“天命”已经被“圣德”逐渐地取代了，人治逐渐取代神治，人在一步步的胜天。而所谓的神圣，主要还是在“个人自己实践上的人格成就，无论怎样伟大与神圣，若落在政治上发挥，他不能漫越这些限制（政治世界的最高律则），而且必须以其伟大的人格来成就这些限制。能成就这些限制，在古人就称他是‘圣王’；在今日就称他为大政治家。否则，在古人就叫他是霸者，是暴君，是独夫；在今日，就叫他是集权专制者，独裁者。”①成圣成霸、成佛成魔并没有类似西方的契约、制度的指导和约束，而统统来自内心深处的道德自律。

《周书》载：“王其德之用，祈天永命。”可见帝王要靠德行作为祈求天帝永保天命的资本。类似的记载还有：

> 《尚书·康诰》：“丕显考文王，克明德慎罚”。
>
> 《尚书·梓材》“先王既勤用明德。”“王惟德用。”
>
> 《尚书·召诰》：“王其疾敬德。”“王敬作所，不可不敬德。”“王其德之用，祈天永命。”

《论语》中南宫括曾问孔子曰：“羿善射、奡荡舟，俱不得其死然；禹、稷躬稼而有天下？”夫子不答。南宫适出，子曰：“君子哉若人，尚德哉若人。”（南宫括问：“羿善于射箭、奡善于水战，都不得好死；禹、稷都亲自种庄稼，却取得了天下？”孔子不回答。南宫括出去后，孔子说：“此人是君子啊，此人崇尚道德。”）孔子之所以夸赞南宫括是君子，是因为整个时代对圣贤的判断标准已经由过去简单的“肌肉”崇拜一变而成为“头脑”崇拜。可见“德行”成了考量帝王功业成败的最重要的指标。要以德服人必然要强调修身，因此整个社会自上而下风气发生了重大变化。不再追求奢侈华美的物质享受和感官刺激，转而看重朴实平淡的生活方式，如果过分追求物质享受甚至会招来杀身之祸。《礼记·王制》载：“作淫声、异服、奇技、奇器，以疑众，杀！”所有创作过分刺激人类感官的音乐、服饰、技术、器物的人都很难见容于那个时代。至于原因老子已经说得很清楚了：“五色令人

① 牟宗三：《政道与治道》，桂林：广西师范大学出版社，2006 年，第 108—109 页。

目盲，五音令人耳聋，五味令人口爽，驰骋田猎令人心发狂。”反对奇技淫巧也是出于帝王修身的考虑，是德治的另一种表现形式。

明白了这一点可以帮我们廓清很多迷雾。我们知道孔子是反对战争的，因为在他看来，诸侯之间的战争都是不道义的，战争只应该由天子发动。所以《论语·季氏》中说：“天下有道，礼乐征伐自天子出。天下无道，礼乐征伐自诸侯出。”这里说天下正常的秩序是无论战争或者礼乐都必须由天子发动或制作。天子发动的战争是正当的战争，即“正义之战”。如果由天子以下的诸侯王甚至卿大夫越权发动，则是对秩序的挑战，即典型的“不义之战”。在这里夫子关注的不是一般意义上的侵略与反侵略，而是更为核心的对“秩序”的维系与挑战。虽然这样的观点在理论上很难站住脚，很容易被后世奸诈如王莽、曹操之辈打着挟天子以令诸侯的旗号利用，但夫子维护秩序的良苦用心却不是一语就可抹杀的。

通过上面的分析，我们知道神话中的神，其实只是一种圣人用来教化众生的手段和工具，为了教化的方便，使神具备沟通天人的作用。一方面他是人间实际事功的英雄；另一方面他又是受命于天，是真正意义上的天子和人主，这样的人作为祖先神和人间的帝王可以说是合情合理。因此神话在第一阶段“把人神化”的过程中，给这些氏族祖先和帝王人主赋予超凡神力的同时，要强调他们是受命于天，所以这些神人的母亲都班班可考，父亲却难觅踪迹。其中反映出的文化内涵并不是什么母系社会只知有母不知有父的史实，而是强调一种性命天赐的权威性、神圣性和合理性，只有这样才能在先民心中形成一种绝对的膜拜和崇敬心理。因为神受命于天，所以崇拜神就是崇拜天，反之违逆神也就等同于违逆天命。但是随着时间的推移和理性精神的增强，祖先崇拜就逐渐取代了天帝的崇拜。以《诗经》为例，《大雅·绵》《生民》《文王》《公刘》《大明》《皇矣》等歌颂周朝先祖的诗篇，反映的都是对祖先神崇拜的心理和情感的归属。同样关于后稷崇拜的“后稷不克，上帝不临”“思文后稷，克配天帝”“皇皇后帝，皇祖后稷”等都表现了对始祖后稷的崇拜。而这些神的“受命于天”中的“命”也有两层含义：（1）性命，即性命天赐、神力感生。（2）天命，即天命所归、顺天而行。夏、商、周三代的先祖都是神力感生的结果。像大禹的母亲修己吞薏苡而生禹、契母简狄吞玄鸟卵而生契、姜源践巨人迹而生后稷等皆是性命天赐的神力感生。《史记·殷本纪》中殷祖契之诞生时载：“殷契母曰简狄，有娀氏之女，为帝喾次妃。三人行浴，见玄鸟坠其卵，简狄取而食之，因孕生契。”《太平御览》卷四引《遁甲开山图》载："女狄暮汲石纽山下泉，水中得月精，如鸡子，爱尔含之，不觉而吞，遂有孕，十四月，生夏禹"。又《楚竹书（二）·子羔》载：后稷之母，有邰氏之女也；游于串咎之内，冬见芺，攼而荐之，乃见人武，履以祈祷，曰："帝之武！"尚吏（使）是后稷之母也。[①]可见后稷母在看到巨人足迹（人武）后，也是在心中默祷上天，希望是天帝留下的足迹后踩上去，如愿以偿的生下后稷的。这和《诗经·生民》中"履帝武敏歆"的说法基本一致。[②]我们甚至可以得出这样的结论，一个朝代越是强调帝王的母亲，其实就越是在强调神力、神治；越是强调帝王的父亲，其实就越是在强调人力、人治。这是神治与人治的分水岭，后来所谓的"殷道尊尊，周道亲亲"追根溯源即是这个原因。

不光周朝的先祖后稷等生而灵异，受命于天，佐明主而成王业的圣贤也会因无人可及的功业，被神化为只有帝王才具备的"受命于天"的特征。例如，伊尹就具备这样的神迹。《吕氏春秋·本味》记载了"伊尹生空桑"的故事：

> 有侁氏女子采桑，得婴儿于空桑之中，献之其君。其君令烰人养之。察其所以然，曰："其母居伊水之上，孕，梦有神告之曰：'臼出水而东走，毋顾！'明日，视臼出水，告其邻。东走十里，而顾其邑尽为水，身因化为空桑"，故命之曰伊尹。此伊尹生空桑之故也。长而贤。[③]

受这种帝圣感生神话的影响，在后世的附会传播中甚至连孔子、孟子这样的圣人的出生也被披上了神秘的外衣。

> 孔子母徵在，游于大冢之陂，睡梦黑帝使请己，己往梦交。语曰：女乳必于空桑之中，觉，在苦感生邱于空桑之中。故曰元圣。首类尼邱，故名。孔子之胸有文曰："制作定，世符运……"（《春秋维汉含孳·演孔图》）

> 孟子生时，其母梦神人乘云自泰山来，将止于峄。母凝视久之，忽片云坠而寤。时闾巷皆见有五色云，覆孟子之居地。（《春秋演孔图》）

很显然"孔子生空桑"的附会源于"伊尹生空桑"的神话。在儒家刻意营造的信仰体系中渐次形成了中国人的天命观，之所以要将活生生的圣"人"附会上"神"迹，就在于这种信仰不是通过神而是通过圣来加以实践

① 《上海博物馆藏战国楚竹书（二）》，上海：上海古籍出版社，2009 年，第 197 页。
② 曹书杰：《后稷传说与稷祀文化》，北京：社会科学文献出版社，2006 年，第 218 页。
③ 陈奇猷：《吕氏春秋校释》，上海：学林出版社，1984 年，第 739 页。

的。虽然圣人在某种程度上等同于神，但被强调和放大的往往是他身上的德行和功业而非神迹，正如圣人也拥有神力一般，但这种神迹的渲染一般只在其身前和死后。中国人就是要通过圣人来一步步取代神在民间信仰体系中的地位和作用。古人认为圣人就是古代“王天下”的人。《白虎通义·圣人》篇对圣人有这样的定义：“圣人者何？圣德，通合德，日月合明，四时合序，鬼神合吉凶。”圣人虽为凡夫，但圣人的德行却可以在天地、日月、四时中来回穿梭而毫无挂碍。从这个意义而言，圣人才是这个世界的真正意义上的管理者，甚至可以是天地的主人、山川河岳的主人、诸神的主人、社稷宗庙的主人。《大戴礼记·曾子天圆》载：“是故圣人为天地主，为山川主，为鬼神主，为宗庙主。”可以说圣人是神的人间品格，神是圣人的天界品格。这二者之间一体两面、相互转化，不存在需特别加以厘清的界限鸿沟。正是在这样的理念之下，在儒家理想的人格状态中逐渐形成了“内圣外王”的情形。一个人只要认真地履行天命即可由人而圣，一旦内圣即可外王。按照儒家“求忠臣于孝子之门”的逻辑推理，可以得出“求帝王于圣人之门”合理推断，合格的圣人便有成为伟大帝王的可能性。在我们上面的论述中，圣人又是神的另一种形态，由此儒家就完成了一个凡夫俗子由人—圣人—帝（王）—神的脱胎换骨的华丽转身。《荀子·解蔽》中说：“圣也者，尽伦者也。王也者，尽制者也。两尽者，足以为天下极矣。”圣人尽人伦之极，严格履行天命对个人伦常的要求；帝王尽制度之极，严格履行天启的制度对施政者的要求。尽人伦即尽天命，达到人道之极便自然的上达天道。王道、人道、天道实现了完美的相互转换，相互诠释。这里的“王”是圣王合一的王，故可为天道载体、人道极致、王道化身，乃至天下大同的基本理论依据。如果说，这个圣与王的结合，最富有实际政治意义的，就是解决了君主政治权力的合法性问题。①

而所谓的天命其实并没有单独的形态或天启的文本存在，圣人的道德境界、行为准则往往代表的就是天命。因为圣人“仰则观法于天，俯则观法于地”，圣人通过天地的启示体悟了宇宙的真理，明白了“天命”之所在。因此董仲舒在《春秋繁露·四时之副》中才说：“圣人则天地、行天德、视天而行。”“圣人副天之所以为政。”《荀子·礼论》中也说：“故天者，高之极也；地者，下之极也；无穷者，广之极也；圣人者，道之极也。”大道之极

① 刘泽华：《中国传统政治哲学与社会整合》，北京：中国社会科学出版社，2000 年，第 228 页。

的圣人所代表的就是天命，圣人的言行就是世人行为的规范与准则，同时圣人又兼具人间帝王的身份（比如黄帝、尧、舜、禹），所以国家的典章制度、礼仪文化也都出自圣人之手。了解了这一点，也就明白了所谓的“圣人以神道设教”其本质实为圣人以天道设政教。其中的奥妙被伊川先生程颐在《伊川易传》卷二《观》中一语道破。“圣人以天道之神，体神道以设教，设为政教，故天下之人，涵咏其德而不知其功，鼓舞其化而莫测其用，自然仰观而戴服，故曰神道设教而天下服。”因此可以说，这种由人—圣—神的三极一贯的信仰教化模式，是中国文化与西方宗教的最大区别之处。顺向而言，每个个体通过对自然天道、德行的信仰，进而可以一步步接近圣人的品格。而一旦超凡入圣，离世之后甚至在世之时，即可相应伴随享有神的品格。反过来说，所有的教化之辞实则都是神或圣人现身说法的经验之谈。这与西方绝对唯一、高高在上的一神教化截然不同。正如方东美先生所言：

> 就理论层面而观之，中国上古宗教含藏一套有机体主义精神之宇宙观，不以人生此界与超绝神力之彼界为两界悬隔，如希伯来或基督教所云。此外，人生界与客观自然界亦了无间隔，盖人与自然同为一大神圣宏力所弥贯，故为二者所同具。神、人与自然（天地人）三者合一，形成不可分割之有机整体，虽有力量、尊严、实在、价值等程度之别，毕竟一以贯之。上帝，就其本身为一超越之动能而言，神运无方，鼓万物、赅天地，故能于自然层界与人生层界激通不隔，匪不毕贯。上帝或天乃是既超越且内在者，而非超绝。“超绝”者，意请“高高在上，惟己务是事”。神力既遍在万有，则自然界之诸形形色色万般风貌乃得以保合，而人生之重重境界乃得以提升。上帝为本初神圣，自然与人乃后得神圣，参与上帝神性而反映之，其方式与程度或圆满不足，而有所缺憾。[①]

一神教为了强调神的绝对主宰，必然要将天人两界分开而论；而中国神话则秉承“天人合一”的思想看待人道与自然之道。

至此我们也就明白了儒家最为推崇的《五帝德》中记载的黄帝的功业：“生而民得其利百年，亡而民用其教百年，死而民畏其神百年，故曰三百年。”这样的陈述绝非虚词，而是典型的人—圣—神三级一贯的信仰教化模式。时至今日已经过去快三千年了，中华民族不是还在享受黄帝、孔子等圣人流传下来的思想的恩泽吗？

① 刘梦溪：《中国现代学术经典·方东美卷》，石家庄：河北教育出版社，1996年，第70页。

第四章　神话—历史—政治——由浪漫走向务实

早在殷商时期，殷人就是通过渔猎采摘获取生产、生活资料的游牧民族，他们逐水草而居，从汤建都亳到盘庚迁殷，商王前后就有过6次迁都。频繁的迁都其实就是为了更容易寻找生产资料和生存的环境。在这样的迁徙转移中，生活来源更多的不是来自在土地上的拨弄，而是来源于自然或者说神的恩赐。因此，游牧民族对待神的态度与农耕文明截然不同，表现出更为敬畏的心理来。在《礼记·表记》中，子曰："殷人尊神，率民以事神，先鬼而后礼……周人尊礼尚施，事鬼敬神而远之，近人而忠焉。"[①]可见，殷人生活中最重大的事莫过于尊神，最重要的关系莫过于人与神的关系，只要能够取悦于掌管人间祸福的神，则其他事情盖可不论，这就是孔子所说的"率民以事神，先鬼而后礼"。

与之相反，中华文明进入周朝时期就已然是一个典型的"面朝黄土背朝天"的农业民族，农业民族生活生产资料主要来自自己的劳动成果，正所谓"种瓜得瓜、种豆得豆"。守株而获兔的额外恩赐实在少得可怜，这种意外之获带来的兴奋，远不能与自己辛勤耕作的踏实相提并论。因此，周人更相信自己的力量而不是神的法力，随着理性精神的增强，取悦神以获取垂青的尊神活动在社会生活中逐渐退居二线，这就是孔子所说的"敬鬼神而远之"。取而代之的是越发笃定的相信人的力量和自我的努力。这一点杨庆堃先生也有所论及：

> 在中国文化形成的初期阶段，宗教的主要角色并不是道德理想之源泉，而是一种神秘力量，借助神鬼降福于民，降妖除魔、治病疗伤、逢旱降雨、保佑征战胜利和逢凶化吉。"天"一贯是人类道德行为的裁

① 王文锦：《礼记译解·表记》，北京：中华书局，2001年，第813页。

判，但从来不是任何道德观念的具体化身。周朝晚期的理性思潮强调将宗教事务与神力、道德裁判严格区分，甚至连“天”的道德含义也被打上了问号。儒家荀子说过：“道者，非天之道，非地之道，人之所道也。”道家创始人老子则从宇宙中提取出超自然的、天人同形的特质，将宇宙称为“玄牝”或深不可测的运行机制。直到汉代以降，天的道德含义才又一次被阴阳学派的天人感应学说所强调。①

随着社会的发展、理性精神的提升，神在先民生活中的崇高地位一步步地让渡给了人，整个社会关注的重心也由之前的敬神祭神活动被政治活动、祖先祭礼所取代。

这就是说，到了周朝整个社会最为重要的关系已经不再是“人与神”的关系，而是“人与人”的关系了。很显然，与单一的、抽象的、更多精神层面的祈祷、献祭、自我慰藉而无法落到实处的“人神”关系相比，生活在自己周遭、每天都要面对的充满七情六欲的活泼的、事事可落到实处的“人与人”的关系就显得更加复杂而难以把握。因此，如何确定人与人之间相处的基本法则、伦理、秩序，进而形成一套系统的理论让大家来共同遵守、秉承，就成了当时社会最急需解决的问题。孔子就曾感叹：“鸟兽不可以同群，吾非斯人之徒欤而谁欤”？这句话背后的内涵是：生而为人就应该和人待在一起，而不应该逃避做人的责任，隐居在山野林泉混迹于鸟兽之中。所以我们最应该关注的不是要不要隐居，而是如何更好与人群相处。后来经过周文王、周公旦、孔子等古圣先贤的共同努力，逐渐构建、完善了一套人与人相处的法则。这些法则中自然含有教化百姓、维护统治秩序的思想，加之周文王、周公的地位和孔子的声望影响，一经推广就被当时的统治者和百姓所接纳、认可，并成为整个社会所公认的处理“人与人”之间关系的基本行为准则。当然这一准则不光适用于普通百姓，更适用于国君士族。简单而言这一准则可以概括为“德治为本、教学为先；天道设教，尊卑有序（三纲五常实为建序）、礼乐有制”。整个社会风气也由之前激情浪漫的“率民以事神”一变而成为冷静理性的“尊礼尚施”和“近人而忠”。解决民间争讼的办法不再是占卜以“问诸于鬼神”，一变而为严格秉承礼仪制度。《礼仪·曲礼》载：“道德仁义，非礼不成；教训正俗，非礼不备；分争辩讼，非礼不决；君臣上下，父子兄弟，非礼不定；宦学事师，非礼不亲；班朝治军，莅

① 杨庆堃：《中国社会的信仰》修订版，范丽珠译，成都：四川人民出版社，2016年，第217页。

官行法，非礼威严不行；祷词祭祀，供给鬼神，非礼不诚不庄。”贯穿于君臣、父子、师徒、官民之间的行为准则，除去祖先神祭祀时仅有的一点神秘色彩之外完全是礼仪制度。《礼记·礼器》云：“礼也者，合于天时，设于地财，顺于鬼神，合于人心，理万事者也。”在这里“礼”成了沟通天地人神的无所挂碍、一以贯之的通行证。《国语·鲁语上》云：“夫礼，国之大节也。而节，政之所存也，故慎制礼以为国典。”《左传·隐公十一年》也说“礼”是“经国家、定社稷、序民人”。在周朝社会中，人与人之间的“礼”取代了人与神之间的“敬”，成为上至天子下至庶民必须遵循的法则。商周嬗变之际这种变化带来的影响是全方位的。

第一节　人本之术与神本之教

儒家对中华文明的影响绝不亚于基督教之于西方文明。中国民间信仰的力量历来也十分强大，两千年来起自民间的各种宗教数以千计，而且在政权更迭、社会动荡的时候，这些民间宗教的号召力和影响力远大于儒家，但千年以来民间信仰始终没有生成一种整合所有神灵的一神教可以与儒家分庭抗礼。这种奇怪的现象，杨庆堃先生也有所论述：

有意思的是，在中国为什么是宗教，而不是“世俗”的儒学在“世俗”社会面临危机时来昭示解脱之途？或许是因为大家所熟知的儒学正统具有极端保守性，习惯于墨守成规，即使在危机产生、迫切需要变革的时候，儒学也不情愿有任何的革新。儒学思想主要是现世性的，由于局限于现实主义而显得缺乏想象力。中国人生命的最高境界是不朽，而不朽只不过是现世人生存在的延长。

另一方面，宗教从一开始就无一例外地向人们许诺不同于现世生活的来世，继而通过起到道德提升的作用以改变世界，来实现创教者设想的理想社会模式。宗教因此总是寻求与现实的相异处，而不是相同处：这与固守传统、不离现实的儒学正统形成鲜明对比。无论是作为人类想象力的发现还是创造，宗教总含有革命的因子，除非它充分地渗透或融入既存的道德和政治制度里，就像中国传统宗教那样。这就部分地解释了为什么是宗教，而不是儒学正统能够对危机的解决提出新的途径。

……传统帝国政府不仅掌握绝对权力，不允许任何反抗，而且通过等级森严的制度和传统神灵信仰系统来控制民众。因而，王朝的统治者不仅有刑罚、杀戮的绝对权力，而且还通过儒学教化百姓，用伦理道德规范百姓，使之养成做顺民的习性，同时借助传统神灵超自然能力造成一种敬畏心。以传统价值为条件，在痛苦和死亡的威胁下，平民百姓对超自然力量充满敬畏，不会轻易造反来寻求匡扶正义、摆脱苦难。尽管经济和政治危机有助于普通民众摆脱政府的控制，然而习惯于做顺民的民众除非到了万不得已的地步，基本上是不愿意铤而走险的，这种态度在一定程度上阻止了大规模民众运动的出现。

很显然，宗教起到了关键作用，因为它以神灵的或天意的名义来动员政治反抗的活动。以神之名，对抗暴政，滥用权力、不行仁政者已不再拥有“天命”的支持而把持政权。正如教派领袖宣称的那样，人们需要得到超自然力量的庇护，来克服他们对于官府的畏惧。要发动非同寻常的行动，人们需要特别的理由来超越充斥着世俗功利逻辑的有限世界。……

很有必要在这里重申一个要点，即宗教的作用在于将大量个人整合进组织性团体，以便进行集体行动。通过帮助人们不断巩固加强人类联系的纽带，宗教这种整合功能在一定程度上通过超自然力量的信仰，使得普通民众不敢轻易冒犯和触动社会关系的神圣基础。发誓和焚烧写上自己名字的发愿书是许多中国秘密教派入教仪式的内容，为的是给其成员留下这样的印象：他们宣誓入教不只是凡人之间的契约，而是一种受到神灵保佑的神圣联系。……

精神或超自然取向的介入能够给一个组织带来长久的活力。与变动不定的功利诉求不同，宗教使成员关注于永恒的精神世界，而不会随着个人境遇的变动而发生转移。①

究其根源，儒家乃是人本之术，而非神本之教。

这种情况恰恰印证了南怀瑾先生那句话：儒家是粮食店，几千年来我们天天离不开；道家（几乎所有的民间宗教最后都披上或被披上道家的外衣）是药店，只有生病的时候我们才想起来。病好了每天光顾的还是粮食店，儒家的魅力正在于此。

① 杨庆堃：《中国社会的信仰》修订版，范丽珠译，成都：四川人民出版社，2016 年，第 178—188 页。

一、“语绝于无验，志尽于有生”的儒家

与中华文化血脉相关的儒家为什么有如此强大的聚合力，它的核心精神到底体现在哪里？有论者甚至把儒学视为宗教，将之与释、道并称为中国三大宗教。持这种看法其实并不奇怪，因为确实在后世的很多儒家的书籍当中已经俨然将孔子塑造成了一个天命神授、通天彻地的教主。《宋书·符瑞志上》与干宝的《搜神记》都记载：

> 鲁哀公十四年，孔子夜梦三槐之间，丰、沛之邦，有赤氤气起，乃呼颜回、子夏同往观之。驱车到楚西北范氏街，见刍儿打麟，伤其左前足，束薪而覆之。孔子曰：“儿来！汝姓为谁？”儿曰：“吾姓为赤松，名时乔，字受纪。”孔子曰：“汝岂有所见乎？”儿曰：“吾所见一禽，如麇，羊头，头上有角，其末有肉。方以是西走。”孔子曰：“天下已有主也。为赤刘。陈、项为辅。五星入井，从岁星。”儿发薪下麟，示孔子。孔子趋而往，麟向孔子蒙其耳，吐三卷图，广三寸，长八寸，每卷二十四子。其言赤刘当起日周亡，赤气起，火耀兴，玄丘制命，帝卯金。
>
> 孔子修春秋，制孝经，既成，斋戒向北辰而拜，告备于天。乃洪郁，起白雾摩地，白虹自上而下，化为黄玉，长三尺，上有刻文。孔子跪受而读之，曰：“宝文出，刘季握。卯，金，刀，在轸北。字禾子，天下服。”

在这些文献中，孔子俨然成了神话中受命于天的神灵。既然孔子变成了神，那么把他当神来崇拜也就不奇怪了。郭沫若先生在他的《中国古代社会研究》一书中通过对儒家六经之一《易经·系辞》的分析，认为其中的“神道设教”“鬼神的肯定”“卜筮的肯定”等是儒家思想的源头，尤其认为“四书”中的《中庸》的作者孔伋在论述孔子的心性之学时将孔子捧上了神坛。他说：“特别是《中庸》，那简直把孔仲尼当成了通天教主，在极端赞扬，可见儒家在当时的确是成了一个宗教。”[①]杨荣光先生延续了这一观点：“子思的这一设教的企图虽经过后来汉武帝的一番努力……仍未把教建立起来。但是儒教的作用确已具有了。政治上不说，就是人民的生活习惯，以及意识形态的各个方面也无不为儒家思想所支配，这就是一个极显著的例子。”[②]而任

① 郭沫若：《中国古代社会研究》，北京：科学出版社，1960年，第87页。
② 杨荣光：《中国古代思想史》，北京：人民出版社，1974年，第160页。

继愈先生在此基础上走得更远，他在《中国哲学发展史（先秦）》中说：

> 中国同欧洲的封建社会一样，都是宗教神学在意识形态中占统治地位。但是中国封建社会占统治地位的宗教不是佛教……而是一种具有特殊形态的适合于中国封建社会历史特点的宗教，即儒教。表面上看来，儒教这种宗教不同于一般的宗教，甚至它还打出反对佛、道的幌子，缺少一般宗教的外在特征，但却具有宗教的一切本质属性。
>
> 儒家的思想基础是孔子所创立的儒家学说。儒家学说虽然是直接继承了殷周奴隶制时期的天命神学和祖宗崇拜的宗教思想发展而来，但在先秦它还不是宗教，只是作为一种政治伦理学说与其他各家进行争鸣。……汉代开始把他推崇为占统治地位的意识形态。……汉以后的历代封建统治者及其思想家们不断地对它加工改造……使它朝着宗教神学方向发展。他们进行了儒学的造神活动，把孔子偶像化，把儒学经典神圣化。到了宋代又吸收佛教、道教的思想，将儒家学说变成了体大思精的宗教神学。[①]

我们注意到，郭、杨、任三位前辈学人的判断主要基于以下的一些论断：（1）子思在《中庸》中对孔子的尊崇。（2）汉武帝时期因董仲舒上“天人三策”而“罢黜百家，独尊儒术”，将孔子捧到神的地位。（3）宋明理学援佛入儒、援道入儒，儒家思想离本来面目越来越远，变成一套强调个人心性修养的神秘主义学说。但是如果我们仔细分析儒学儒教化的三个前提，就会发现这三点都不成立。首先来看第一点。子思确实非常推崇孔子，但他对孔子的最高评价也仅仅是“祖述尧舜、宪章文武”八个字，阐述的是孔子继承、发扬了尧、舜和周文王、武王及周公旦等古圣先贤的典章制度。而子思所刻意渲染的是另一套“孔门心法”，即“自明诚、自诚明”的心性之学，至多算作“天人相感”，并无一言将孔子神话。而董仲舒以《春秋公羊学》的基本观念为核心，通过对经典的诠释，将历史哲学、社会政治理想和信仰体系一起囊括在他的天人合一的天道观思想之中，构建了一整套系统的儒学理论和核心价值体系，其思想的基本特征主要表现为：使得先秦天道观和王道理想进一步笼罩上神圣的光环，建立这套“大一统”思想体系是为了凸显政治化、伦理化的目的，通过天道教化的理念经由信仰的建构将“大一统”思想渗透到社会与人心之中。正如邵龙宝先生所说：

① 任继愈：《中国哲学发展史（先秦）》，北京：人民出版社，1983 年，第 13—14 页。

《春秋》的特殊意蕴在于它经过孔子的删削编订、批判诠释，蕴含了孔子的伟大理想，体现了圣人的天道观和王道理想，且上承西周，下接西汉，是通过天道观、王道观与人道观的合一作为思想武器对历史与现实进行反思批判，把典章制度、礼乐教化和人生实践有机结合起来，为西汉王朝统治阶级的意识形态的建构提供了理论资源和实践准则。因而，它不仅仅是一部历史书，还是具有直接的政治实践指导意义的政治伦理方面的经典。总之，《春秋》是现实政治经验的总结，是人生理想和政治信仰的范本，它阐述和描绘了具有永恒价值的理想社会的政治范型。

董仲舒的《春秋繁露》代表了西汉儒学及其官方意识形态对天道的认识。……却没有看到董仲舒通过对经典的诠释将历史哲学、社会政治理想和信仰体系一起囊括在他的天人合一即天道观思想之中，是有其特别重大意义的。在董仲舒那里，“天”不仅代表皇权政治的至高无上的权威，还代表社会政治的伦理取向和世界人生的价值观念，这就是以“天人感应”为核心观念的天命观。[①]

至于宋明理学、心学援佛入儒、援道入儒是进一步将儒家的“心性之学”导向自我内心世界的神秘主义学说，充其量是“天人感应”学说的发展，并不存在信仰超自然的力量。正如唐君毅先生所说：

此儒家之言天德流行，而不重上帝之启示神秘之经验，教条之建立，教会之组织，亦不言前世与后世之他生，不言此世界之外之六道众生之世界，不言三世之善恶因果，不言普度人外之一切众生，而只言吾人之当下生命存在与当前世界中事。或者遂以之为只信有当前之自然世界之自然主义，或只知有人而不知其他之狭义的人本主义，使人之思想智慧，封闭于此世界中之人，而否认此外之世界之存在，与死后之生命或生活之存在之说。此皆未知儒家之所以为儒家。须知儒家之所以为儒家，自始重在有所真肯定，而不在其有所否定。故对生前死后之事，其他世界之事，神灵之存在，神秘之经验，以及因果报应之说，普度有情之论，亦初未尝加以否定。儒家亦未尝谓吾人之生命存在只为一自然之产物，人没即化为尘土，或谓此世界即唯一之最好之世界，或唯一真实之世界。其言人为万物之灵，亦未尝谓天地万物，皆为人而存在，上帝为人而造世界，或谓人高居万物之上，可任情对万物，加以利用主宰。

① 邵龙宝：《董仲舒思想的基本特征及其精华》，《齐鲁学刊》2011年第4期，第22—23页。

> 此固不同西方之为宗教之说，而持超自然主义之论者，意在以超自然之神灵或上帝，凌驾于自然之上，其全能可创造自然人类，亦随时可毁灭此世界人类，以否定此自然人类之存在之独立性，而重其依赖于神灵以存在之依赖性者；亦不同于佛家之初重在观世界之为无常、为苦与染业积聚之地，而重先破人之执障，而超化由此执障所生之一切妄见者。然亦不同于西方印度之持自然主义、唯物主义或持人本主义者，以自然为最后之实在，以否定一切超此一自然之神灵或其他世界之存在，以人代上帝，而一方否定上帝之存在，一方求具有类似上帝之全能，以凌驾征服自然，以否定自然万物之独立性，而使其存在与否，依赖于人，诸说者也。
>
> 此儒家之思想，要在对于人当下之生命存在，与其当前所在之世界之原始的正面之价值意义，有一真实肯定，即顺此真实肯定，以立教成德，而化除人之生命存在中之限制与封闭，而消除一切执障与罪恶所自起之根，亦销化人之种种烦恼苦痛之源。[①]

儒家重在有所肯定，而非有所否定，这句话可谓一语中的，可以看作是儒家与其他信仰的分水岭。儒家的着眼点始终是当下，而非其他信仰所关注的彼岸。

所以唐君毅先生接着说：

> 至于以设教之效而论，则大凡人有病痛，亦不宜皆用饮食滋补，而宜先服药。一神教中如耶稣传能治病，救人之罪，即以人之罪，原是病也。释迦称大医王，人之苦痛烦恼与执障，皆生命心灵中之病也。若直对治人之罪苦而设教，耶稣、释迦之教，亦有其足多者。此固皆不同于儒者之教，初为心灵生命病患轻或尚未大病之人设，其教要在使人由日用常行之易知易行者，以自致于极高明，致广大，而非在去除生命心灵之病患于事先者。由此宗教之说，要在对人心灵生命之病患而设，故皆为非常之处变之教，而不同于儒者之教，为一安常处顺之教。[②]

所谓的“安常处顺之教”就是安于现世、此时，泰然处之的学说。这是儒家最独特、最典型的标志。

章太炎先生将中国人的精神世界的生活总结为“语绝于无验，志尽于有生”十个字，可谓精当之极。中国人几千年来精神信仰的核心是对无从征信

① 刘梦溪：《中国现代学术经典・唐君毅卷》，石家庄：河北教育出版社，1996 年，第 663—664 页。
② 刘梦溪：《中国现代学术经典・唐君毅卷》，石家庄：河北教育出版社，1996 年，第 708 页。

的宇宙、天命的无验的超越性所产生的一种敬畏与向往。并尽可能地在现实的日常生活中、人与人的交往准则中与形而上的本体建立一种交通往复、共生共感的玄妙关系。这样一来就将看似无法绕过的人与神的关系、巧妙的转化为人与人的关系处理；将人对神所必须履行的膜拜感恩的敬畏之心，转化为平常日用中“彬彬有礼”“谦谦君子”的生活态度；将个人与神的一对一的精神层面的信仰，转化为社会中个人与他人的一对多的行动。同时西方人所特别看重的个人此生得救与否的问题，在中国人的信仰体系中也不成问题，被更现实的“安身立命”所取代。如余英时先生所说：“所谓‘安身立命之处’即是现代西方人所说的‘终极关怀’（ultimate concern），也就是价值的根源。……作为一套信仰系统，儒家自然具有宗教性的一面。但儒家毕竟与一般意义下的宗教不同。它的基本方向是入世的。……其对此世持肯定的态度。儒家的入世教义因此又有其与世推移与变化的一面；这一面的研究则采取历史的态度。”①

正如董丛林先生所说：“漫道是原本之儒，即使被宗教浸润了的‘新儒’，浃肌决髓的也是人本之学，而非神本之教。”②所以儒家的根本属性如苏联学者Б.Л.李福清所说：“（儒学）是带有祭祀成分的伦理学说。”③

二、中西神话对比

中西文明都有各自丰富多彩的神话系统，为什么西方文明会发展出基督一神教，而中华文明几千年来却没有一统天下的一神教呢？这和神话系统有没有关系？如果有的话，我们能否在神话系统中寻找到端倪？

我们先从中西神话的对比开始。从文艺美学角度来看，“中国神话歌颂劳动、赞美意志，表现强烈的正义力量和英勇的献身精神，将人神化，具有理性、严肃、温柔敦厚的恬静美。而希腊神话则歌颂冒险，赞美肉体，表现浓厚的人生欢愉和粗犷的声色之乐，将神人化，具有个性、激情、惊心动魄的紧张美”④。东西神话有着巨大的差异，而这种差异也体现在洪水神话之中。

① 余英时：《现代儒学论》，上海：上海人民出版社，1998年，第158—159页。

② 董丛林：《龙与上帝——基督教与中国传统文化》，北京：生活·读书·新知三联书店，1992年，第2页。

③ Б.Л.李福清：《中国神话》，（苏）谢·亚·托卡列夫、叶·莫·梅列金斯基等编著、魏庆征编译：《世界各民族神话大观》，北京：国际文化出版公司，1993年，第778页。

④ 赵双之、张学海：《东西方神话美比较》，转引自刘毓庆：《古朴的文学》，太原：北岳文艺出版社，1988年，第61—62页。

在世界古老的民族中，几乎都有大洪水的故事，虽然中国鲧禹治水的神话人尽皆知，但有人认为在与希腊、北欧、印度等地的上古英雄和洪水神话相比，中国的治水神话没能演化为史诗巨制，而被看作“不发达”。谢选骏先生提出：“除了在《尚书·尧典》的某些段落以及《诗经》中的某些篇章中，有些类似于英雄史诗行迹的‘氏族祖先传说’之外，可以说上古时代的中国没有产生过接近英雄史诗的作品。《诗经·大雅》中的《文王》、《大明》、《绵》、《皇矣》、《文王有声》等，以及最为著名的《公刘》篇，算是中国古代最接近史诗意味的诗作了。但从这些材料中也可以看出，即便有过史诗因素的作品，也是非常简略。如果和希腊比较一下，就发现，它们更接近希腊的颂诗，而非史诗。在内容比较集中的灾难、救世、文化超人等主题方面，神话材料固然多一些，情况也明晰一些，但是却仍然不失中国上古神话所具有的一些特点：各个神话及各神话人物之间经常处于彼此孤立的状态，它们很少发生事件的或血缘的‘因果关系’；至于明显的横向与纵向坐标式联系，则要么不存在，要么十分模糊，要么各种说法彼此矛盾。”①“鲧、禹治水的神话大约记录于西周初年，可以所做中国载籍上最古老的神话之一，也是最著名的‘灾难—救世’神话。这个典型的神话同样具有上古神话的普遍特点。第一，洪水灾难的原因不清楚；第二，治水和救世的内在含义也不十分清楚；第三，上帝在‘灾难—救世’的神话中的地位和作用极其模糊。上帝对治水英雄态度转变的原因也不清楚。”②确实如谢先生所说中国的洪水传说和治水故事都是一些孤立的故事片断，而且跳跃性很强，很难构成一个完整的故事序列，单从这方面来说，似乎真是“根据现有材料，很难为上古神话传说编排出一套完整的神界故事”。但事情的真相恐怕未必如此简单，如果对中华文化的深层内涵有所了解，并且对神话产生的背景和文明土壤熟悉的话，我们将得出全新的结论。

正如方东美先生所说，中国的哲学从一开始就表现为一种“即超越又内在”和“即内在即超越”的独特形态，这与西方传统的“超自然或超绝形上学”截然不同。③中国哲学中人神关系体现一种“天地人，一以贯之”的特点。也就是说人人都有“神性”，都具备成圣、成神的可能性，即人人都是“因”位上的神，至于最终能否取得神的“果”位，则全在自己的努力。为

① 谢选骏：《神话与民族精神——几个文化圈的比较》，济南：山东文艺出版社，1986年，第77—78页。
② 谢选骏：《神话与民族精神——几个文化圈的比较》，济南：山东文艺出版社，1986年，第78页。
③ 刘梦溪：《中国现代学术经典·方东美卷》，石家庄：河北教育出版社，1996年，第7页。

了号召大家向这个方向努力，所以要竭力的渲染人身上所具有的“神性”因子，而所谓的神话故事，也就是把人身上这些不同凡响、拔乎流俗的特征和功业敷衍夸大一番而成神话，即把人神化、高悬鹄的以垂范世人。与之相反，西方神话系统中人神殊途。神天生为神、人天生为人，两者之间有一条不可逾越的鸿沟。人在现实生活中无论怎么努力也无法跻身神的行列，人所应该做的就是尽其全力体认神的伟大、博得神的喜爱。面对至高无上的神的绝对权威，人只有敬畏、服从、赞叹、取悦，越是靠近神越发地赶到自身的卑微和渺小，由此产生一种强烈的恐怖感，由恐怖而生“神尊人卑”之感，进而认识到只有通过神力才能实现解脱。通过对人类无能、弱小、虚无的渲染，反衬神灵至高无上的威权。西方的神更喜欢通过对人类无情的打击和惩罚来彰显自己绝对的权威。神缺乏现实温情的一面，有的只是训诫、威慑、警告、惩罚。这一点凯伦·阿姆斯特朗在《轴心时代》中有所谈及。

神带领摩西及以色列子孙争取自由而逃离埃及的“出埃及记”神话，同样也让现代人无法接受。这个故事是大众耳熟能详的。埃及法老王不愿意让以色列人走，所以为了迫使他就范，神降灾十次以惩罚埃及人。尼罗河变成血水，蝗虫与青蛙到处蹂躏成灾，整个埃及骤然陷入一片伸手不见五指的黑暗中。最后神施惩以最严重的瘟疫：他派遣死亡天使去杀死所有埃及人的长子，却放过希伯来奴隶的孩子。于是法老王决定放以色列人离开埃及，但是后来他又改变主意，派遣军队尾随追逐他们并在现今红海处追上了他们，但是，神打开红海，排开海水，让以色列人通过，他们连鞋子也没沾湿就获救了。当埃及人沿着以色列人的足迹而行进时，神却让海水回流，淹死了法老王和他的军队。…这个故事确实传达了明确的信息。但不同于马杜克与巴力的是，耶和华被说成确实在尘世的历史中分开了物理意义的海。①

由于陈义太高，神对人性的弱点缺乏温情的理解、欣赏、赞美，人的举措左右失当，都难入神的法眼。通过所谓“创痛式”的惩罚让人类长记性也是西方众神惯用的手法。

以色列的先知们是以四肢扭曲的肉体痛苦，来经验他们的神，并以由此而生的愤怒与欢乐来丰富他们的生活。一神论者称为神的真实，往往是他们在某种极端的情况下经验到的：在山顶、黑暗、忧伤、被钉十

① （英）凯伦·阿姆斯特朗：《轴心时代》，孙艳燕、白彦兵译，海口：海南出版社，2010 年，第 27—28 页。

字架和恐怖中等等。西方的一神经验似乎特别偏向创痛式的。……其他的一神论者以光和变形来描述终极真实。…一般认为，三大一神教缺乏神话与诗文式的象征系统。…然而当一神论者否定语言表达超越真实能力的同时，他们对语言又抱持着极为肯定的态度。①

人只能崇拜神、模仿神，而不能成为神。“人不是只能无助地和神抱持距离，像奴隶一样卑屈地模仿神，而是可以把他们潜在的基本神性复活出来。”②长此下去，神界对于人类而言，将变得更加的冰冷、遥远，对人类现实生活并无裨益。为了避免发生这种情况，拉近神与人之间的距离，所以西方在神话中就要刻意渲染神身上的“人性”的一面，如易怒、善妒、好色等。把人类的弱点置于神的性格特点中，即“把神人化”。让人类看到伟大、庄严的神和人类自身一样也有诸多毛病和性格缺点。神不再变得冰冷而遥远，无形中拉近了人与神的距离。人类也就不会因为自身一些万难改变的“人性的弱点”而过分自责。连神都无法避免的弱点，人又何必太在意呢？进一步而言，在西方神话系统中，神要求人类改正的是一些自身的性格缺点而非人神共有的“人性的弱点”，从这个意义而言，“可以改正的是缺点，不能改正的是弱点”这句话还是颇有几分道理的。

神以什么样的形象和态度出现在世人面前？在这个问题上东方神话虽不可一概而论，但总体而言，相较于西方神话，东方的神更为温情一些，神更像是循循善诱和引导学生思考生命真谛的老师，古印度的吠陀教也不例外。“吠陀教并不尝试解释生命的起源，或是针对哲学的问题提出特别的答案。相反的，整部《吠陀经》乃是为了帮助人们与存在的惊奇与恐惧、妥协共存而设。其中提出的问题比回答的要多，它的目的在于使人们保有一种对生命奥秘敬畏的态度。”③

通过以上对中西神话的比较，我们可以得出以下一些看法：

（1）中国神话努力使人看到自身的“伟大”；西方神话尽量让人意识到自我的“渺小”。

（2）中国神话宣传的是“自力成救观”；西方神话强调的是“神力得救观”。

（3）中国神话主要在于感召人类发掘自身“神性”，以期超凡入圣（圣

①（英）凯伦・阿姆斯特朗：《轴心时代》，孙艳燕、白彦兵译，海口：海南出版社，2010 年，第 7 页。
②（英）凯伦・阿姆斯特朗：《轴心时代》，孙艳燕、白彦兵译，海口：海南出版社，2010 年，第 17 页。
③（英）凯伦・阿姆斯特朗：《轴心时代》，孙艳燕、白彦兵译，海口：海南出版社，2010 年，第 38 页。

人是神的人间品味，圣人一旦离世将自动进入神的果位），主要的功能在于“劝善”；西方神话主要以神力威慑人类不要犯错，否则将招致无情的惩罚，主要的功能在于“纠错”。

（4）中国神话中的神更像是温情的“教师”，用自身的闪光点“身教”百姓；西方神话中的神更像是严厉的“法官”，用法律条文“约束”百姓。

（5）中国神话着力于彰显精神的描写，不纠缠于逻辑关系和细节描写，追求的是在尽量短的篇幅中传递出最核心的精神力量，影响到后世的诗歌都看重抒情；西方神话着重于讲述故事的书写，注重故事的连贯性、可读性和细节的描写，用尽可能长的篇幅渲染神的伟大，影响到后来的诗歌都注重叙事。

（6）中国神话的最终目的是“以神话施教化”，最终走向“礼乐教化”的“文治”社会；西方神话的最终目的是“以神话训诫喻”，最终走向“法律契约”的“法治”社会。

（7）中国神话传递的是“秩序至上”的法则，而这个秩序指的是自然的秩序、法则；西方神话传递的是“力量至上”的法则，主要指神的力量。

因为秩序至上、自然法则至上，在上位的统治者有无限的权利，相应也有同样的义务，《尚书·召诰》云：“惟王受命，无疆惟休，亦无疆惟恤。”（国王接受了天命，有无限的美好与幸福，也有无尽的忧虑）。所以任何违逆秩序、不履行义务的人或神都最终难免一个悲惨的结局。相反当一个政权取代另一个政权、一支力量攻打另一支力量的时候也必然要打出“替天行道、顺天而行”的旗号以获取民心。如商汤伐夏桀在《尚书·汤誓》中就有明确的记载，商汤对众人说道：“格尔众庶，悉听朕言，非台小子，敢行称乱！有夏多罪，天命殛之。今尔有众，汝曰：‘我后不恤我众，舍我穑事而割正夏？’予惟闻汝众言，夏氏有罪，予畏上帝，不敢不正（译文：来吧，百姓们，听我说。不是我小子胆大作乱，夏王罪孽深重，天帝命令我消灭他。现在你们众人常说：‘国王不体恤我们，让稼穑之事荒弃，怎么能为人楷模呢？’我听了你们这些话，知道夏王有罪。我害怕天帝说我不执行他的命令，不敢不带兵征讨）。”而一旦统治者荒淫无道、倒行逆施，则必然遭受天帝的惩罚。连带着他的子民也将变成一群失去神灵眷顾的孤魂野鬼，面临被神放逐、遗弃的命运。直到新的能够顺天而行的帝王出现，他们将在接纳新的政权和统治者的同时重新获取神灵的佑护。周公旦在周武王在伐纣的时候正是抓住了商人的这一心理而制造神话，大肆渲染：“天既遐终大邦殷之命，兹殷多先哲王在天，越厥后王后民，兹服厥命。”①这句话的意思是当年保佑殷王朝的先公先王在天之灵，现在都要听老天的号令，殷朝的统治已经被上天结束了，还活着的殷王与殷民要服从这一决定，做周的臣民。号召殷朝的祖先神面对现实，接纳新的政权，继续眷顾他们的子民。

我们看到希腊神话总是用二元的眼光审视世界，试图用对立的关系把世界割裂开来。在高扬神的伟大精神的同时，一定要渲染恶魔的无穷力量，二者之间也必然是此消彼长、非此即彼、你死我活的对立、斗争关系。在神与魔、光明与黑暗、正义与邪恶的较量中，神话传递出的是如同后世法官判决一般的肯定或否定，而不存在折中的、阴阳共存的局面。这一点在卡希尔的《符号・神话・文化》中有很好的论述：“假如我们按希腊人对神话命名那样把它看作纯粹‘叙述性’的东西——即看作英雄或神祇行为中难以忘怀的业绩加以回顾或追述，我们就并没有理解神话的真正价值和全部意义。神话的这个史诗方面并非其唯一方面或决定性方面，神话总是具有一种戏剧性特点。它把世界描绘为一部伟大的戏剧——看作是神圣与恶魔力量之间、光明与黑暗之间、善良与邪恶之间的斗争。在神话思维和想象中，总是存在着一种肯定的作用和否定的作用。”②在希腊的神话系统中，整个宇宙的最高神是掌管天界的大神宙斯，他在确立了自身的地位以后，放手让诸神各司其职管理天界与人间的事务，通过雷霆闪电的警告、惩罚手段使天下太平，有序运转。天界诸神生活在祥云缭绕的奥林匹斯山上，那里虽有诸神的争吵却没有风云变幻、政权更迭，永远阳光明媚。而在天庭之下的大地深处，却存在着一个永远黑暗的塔尔塔罗斯深渊，还有阴森恐怖的幽冥界，住着被打败的提坦巨人和被镣铐紧锁的天界叛逆与鬼魂亡灵。它们将会根据自己罪孽深重的程度等级而居于幽冥界中的不同层级中。介于天庭和地府之间的是有光明亦有黑暗昼夜轮替的人间。由宙斯建立的这样一个三级对立的世界确立了新的宇宙秩序，神的天庭世界永远光明，塔尔塔罗斯深渊和冥界永远暗无天日，而人间世界光明与黑暗交替更迭。这一点中西神话有相似之处。中国神话也总会体现出阴阳、正反、光明与黑暗的力量对比。正如比较神话学的始祖麦克斯・缪勒在《宗教学导论》中所说的那样：“中国总是要求有秩序和规定，他们之所以建立这种体系是因为他们承认两种力量在相辅相成：一正一负，一阴一阳，这两个力量在统治万物，在明智者的心目中，他们超过那许

①（清）孙星衍：《尚书今古文注疏》，陈抗、盛冬铃点校，北京：中华书局，1986年，第396页。
②（德）恩斯特・卡希尔：《符号・神话・文化》，李小兵译，北京：东方出版社，1988年，第186页。

许多多的神灵。在每个事物的中间、下面、后面都存在这两个力量，所以每个事物都有双重性质，常把这两个力量比作天和地。”像“刑天舞干戚”中的天帝与刑天；“黄帝战蚩尤”中的黄帝与蚩尤；“天帝殛鲧”中的天帝与鲧等都是两种力量的对决。其中传递出的更为重要的思想是“建立天地间的秩序”，并且“秩序不容挑战”，哪怕你是功勋显赫的功臣、力量超凡的英雄，在秩序面前必要的时候也要牺牲。但是反过来，对于失败英雄形象的塑造，往往又不吝惜笔墨渲染他们身上的英雄气概。可以说，他们的牺牲带给我们更多的是英雄为了维护秩序慷慨赴死的悲壮之感，而非正义战胜邪恶的淋漓畅快。所以这些悲情英雄的牺牲同样值得我们同情、赞赏，甚至膜拜（如刑天、蚩尤、鲧等）。以东方九黎族的祖先蚩尤为例，《史记》中记载的很清楚，“蚩尤作乱”乃是“不用帝命”。可见他就是因为挑战天帝之命，不满权威、反抗秩序而招致杀身之祸的。但黄帝战胜蚩尤并不是正义战胜邪恶的摧枯拉朽的顺利，相反是九战九败，颇费周章，最终不得不借用非自然的力量“魔法”而诛杀之。也就是说蚩尤之死并非劣迹昭彰而受天谴，他的牺牲颇具“为维护秩序的权威性”而献身的悲壮色彩。所以《管子·五行》说：“蚩尤明乎天道。”以致作为失败者的蚩尤在离世之后，仍然享受着与胜利者同样待遇的祭祀之礼，并成为人间福泽的施予者。直到汉高祖时期，刘邦还“令祝官立蚩尤祠于长安”。在《史记集解》中也记载：“蚩尤好五兵，故祠祭之求福祥也。”相同的例子的还有炎帝，他是黄帝的手下败将，但这丝毫不会妨碍他在中国文化中的地位，几千年来我们自称“炎黄子孙”，炎帝一直排在战胜他的对手黄帝之前。至于陶渊明在《读山海经》中所描述的“刑天舞干戚，猛志固常在”。对失败英雄刑天不屈不挠、以死抗争的斗志进行称道更是尽人皆知。所以说中国神话最重要的思想绝不是讲述一个或快乐或悲情的故事以肯定此、否定彼，而是要透过神话传递出“秩序至上”的根本法则。也就是说神话的故事性、趣味性始终要让渡给说理性，“善”永远大于“真”和“美”。至于故事中的力量比对、孰正孰邪，只是相机说教的阴阳符号，已经不那么重要了。从这个意义上说，列维—斯特劳斯所认为的神话思想“总是由对立的知识朝向溶解的一种累进的过程”①是有一定道理的。

同样深刻的论述来自让—皮埃尔·韦尔南。他说：

① 转引自朱狄：《原始文化研究：对审美发生问题的思考》，北京：生活·读书·新知三联书店，1988年，第709页。

这种构思万物的方式并不是“非理性的”。这是一种解释事物的方式，它依然与文明的某种确切形式相联系，与一类特殊的口头诗歌、与一类特殊的叙述相联系，当然，它还与一种宗教信仰相联系。在这一体系中，权势和强力的概念才是最基本的。要讲一个故事，通过故事显示出，在一个种种强力、种种权势、种种力量彼此对立、彼此争夺的世界中，在一个既定的时刻，一个比其他人都更强大的君王将把他的权威强加于人。从这一强加出发，世界的秩序变得稳固了。人们可以把这种理性像希腊人那样叫作权力（kratos）的理性，或者叫作力（dunamis）的理性，就是说王权的理性。照这种观点来看，在整整一系列神的世系之后，在争夺最高统治权的一系列斗争之后，在一个特定时刻，宙斯这位众神中最强有力的神，坐到了王位上。与别的神不同，他的权力不会枯竭，不会削减。他将不会被推翻，他建立的秩序是一种荣誉再分配的秩序。宙斯将分配权力。将会有统治海洋的神，统治地下世界的神，统治天界的神们，最后，还有在地面上统治的神。所有神都留在他们的领域中。这就是人们可以在赫西奥德的《神谱》中读到的东西。

我们可以清楚地看到希腊神话中的秩序并非先天存在的宇宙秩序，而是在诸神厮杀后伴随着一个最强有力的大神的出现而产生的。“由此，在这样一种世界观中，一开始是混沌，是无序，从混沌中显露出一种最高的力，它构成了秩序。同样，在这种理性中，参照点是要知道，谁是世界的主人，为什么他的统治不会消失。只有当人们从中走出来，当人们开始别样地思考时，这一世界观才会变得无理性。只要人们停留在体系中，这一观点就是理性的，我甚至可以说，它是极端世故的。假如人们相信存在着至高无上的神明，这时，对可能提出的问题的正确回答已经带来了……”[①]这位最高神的力量就是秩序，整个宇宙将围绕他的喜怒哀乐而展开。对此，吕克·费希也有精彩的论述：

目前，我们把他们大部分都搁在一边，以便将注意力集中于叙事的主要线索，以及参与这可怕戏剧的不可或缺的角色，他不久就会上演，直到最终建立一个有序的世界——一个真正地宇宙秩序，和谐且稳定，人类能够在其中生存并死亡。……宇宙尽管不像不朽之神那样是永恒的，却并非始终存在。在起源中，不是秩序而是混沌支配着。不仅是最

① （法）让—皮埃尔·韦尔南：《神话与政治之间》，余中先译，北京：生活·读书·新知三联书店，2001年，第241页。

彻底的无序和最彻底的黑暗主导整个进程，而且（如我们稍后看到的）第一代神，远非神可能被期待的那样具备充分的智慧，相反被仇恨和最残酷的激情撩拨着——非常草率，以至于他们互相之间即刻就会以最可怕的方式战斗。因此，说起源时刻诸神有着不和谐的倾向是轻描淡写的说法，这也是为什么万物、宇宙秩序之诞生是以“诸神之战”为顶峰的长长的故事。一个充满了吼叫和怒火的故事，但是也有着智慧的内核：与事务秩序和谐相处地生存，尽管像我们凡人的情形注定有一天会消失，比起所有其他形式的生存好很多。……提坦与其说是宇宙的力量，不如说是混沌的，与其说是有条理且和谐的存在物，不如说是无序且破坏性的。……我们将最终从原始的无序和暴力过渡至井井有条的人类能够居住的宇宙秩序，而且他们在此寻求作为凡人的命运，无论好坏。①

通过韦氏和吕氏的论述我们可以看出，同样是对秩序的崇拜，中国神话中的秩序是先天客观存在的，而希腊神话中的秩序是在诸多代表不同力量的神对抗之后所剩下的一个最强大的权威制订出来的。同样是神力的分配，中国神话中诸神所拥有的或者说所凸显的是不同的“能力”，而希腊神话中则强调的是诸神不同的“权利”。一个彰显的是个体的力量，一个突出的是秩序所赋予的力量。在逻辑推理层面上显然希腊神话要走得更远一些，它不光告诉你秩序的存在，还要说明秩序是谁制订的，即谁是世界的主人，同时它还要不厌其烦的论证为什么最高神的统治不会消失。所以一旦进入希腊神话的话语系统，你就会明显地感觉到并非全是荒诞不经的自说自话，而是有着严密的逻辑体系。知道了这一点，那么后来西方基督一神教产生的文明土壤的存在就不会觉得奇怪了。中国神话则不然，不会去花很大的力气去论证最高神存在的可能性和必要性，在秩序存在的层面就戛然而止了，所有人需要做的只是努力改变自己去适合于外在的秩序。如费孝通先生论述的那样：“中国乡土社会中那种实用的精神安下了现世的色彩。儒家不谈鬼，‘祭神如神在’，可以说对于切身生活之外都漠然没有兴趣。一般人更会把天国现世化：并不想把理想去改变现实，天国实现在这世界上，而把现实作为理想的底稿，把现世推进天国。对生活的态度是以克己来迁就外界，那就是改变自己去适合于外在的秩序。”②它的潜台词是：神就在那里，无须证而

① （法）吕克·费希：《神话的智慧》，曹明译，上海：华东师范大学出版社，2017年，第47—49、51—53页。

② 费孝通：《乡土中国》，北京：人民出版社，2015年，第57页。

自明。

通过上文对于中西神话的比较，我们可以看出其实所谓的神话世界的巨大差异，根源还是源自中西不同宗教影响下的文化背景的差异，这种差异决定了两种神话系统中不同的文化模式和不同的文化机制，这一点李向平先生做过详细的分类，详见表 4-1。

表 4-1　中西神话系统中不同的文化认同模式和机制

	认同模式	认同机制
儒家	天下国家认同模式	义命分立型认同机制
	儒家哲学认同模式	明道救世型认同机制
	民间信仰认同模式	需求灵验型认同机制
	家族伦理认同模式	血族亲子型认同机制
基督教	组织型社会认同方式	教会体系化认同机制
	伦理性群体认同方式	互助团契型认同机制
	身份建构式认同方式	神圣救赎型认同机制

资料来源：李向平：《信仰但不认同》，北京：社会科学文献出版社，2010 年，第 251 页

至此我们可以给出如下的结论：希腊神话是“神本位”的，而中国神话是“人本位”的。联系到我们上面对儒家的论证就可以知道，中国的神话与统治两千年的儒家思想从根源而言是一脉相承的。明白了这一点，为什么在中国不会产生一神教也就部分地找到答案了。

在神话占主导地位的时代，社会关系的状况是“多对多”，即很多人信很多神；等到了信仰占主导地位的时代，这种关系则变为“多对一”，即很多人信一个神。到政治生活在社会中占据主导地位的时候，这种关系又变为“多对无”，对神的感情除去祭祀时的一点存敬的思想之外，几乎不会对生活产生太大的影响。可谓是若存若亡，所以中国人进入理性的农业文明之后对待神的态度十分微妙，一方面遇神拜神、遇魔拜魔；另一方面神对人的思想和精神生活几乎没有太大的震慑力量，人们照样我行我素。这种多神并敬的情况实际上体现的是内心深处无神为常的真实心理。人们在心中对于人神两界的范畴界定的非常清楚，对于神的感情也完全流于形式，这一点看看叶公好龙的故事就可知道。叶公固然可笑，但龙不守规矩，擅自脱离神界来到人界显迹也一样十分的荒唐。这个故事透露出的深层的文化气息是人神两界的界限，无论是人还是神都不可逾越。这和我们在论述商代的情况完全不同。只有划出这条红线，不去探讨神是否真实存在，而将其抽象为一个概念、一

个符号，才能更好用理性和现实来教化芸芸众生。换句话说神只是一个概念、一个符号，千万别把它真的当神看待。至此，整个社会关注的重心也由神话逐渐演变为政治、哲学。在这种文化背景下，人的主体性和价值被推到了新的高度。《尚书·泰誓》载："惟人万物之灵"；《礼记·礼运》载："人者，天地之德，阴阳之交，鬼神之会，五行之秀气也。"《太玄经·玄文》载："物之所尊曰人"；《说文解字》中解释"人"，"人，天地之性最贵者也。"这些经典都重新定义了万物之灵——"人"的尊贵与伟大。正如叶舒宪在《中国神话哲学》中所说："人的主体性价值便从神话延续至哲学，在后世思想传统中得到始终如一的强调"。直至此时，人才在真正意义上超越了神，成了万物之灵、万物之主。让我们后人不断惊叹的是"早熟"的中华文明在周朝就完成了神治到人治的嬗变，而此时的西方文明仍然还在神治的圈圈里打转。

第二节　从神话到历史

由于不同时代对神话的不同阐释，因此神话在发生、发展的过程中不可避免的披上了历史的外衣，神话被历史化了。但我们应该看到这是一个双向互动的问题，历史（至少上古史）也遭遇了相同的尴尬——被神话化了。可以说任何一个国家的文化在追溯自己最初历史的时候都无法绕开神话，同时在讲述神的故事的时候有意无意地也会将它嵌入历史。但没有哪个国家像中国上古社会一样，神话与历史如此完美的交织在了一起。在正史中，我们可以看到神从出生到死亡的所有光怪陆离的奇异事件，都会被煞有介事的记录下来，其严肃程度让我们总会联想到"春秋笔法"记录历史的原则，但是何以一到此时便无能为力？连以"秉笔直书""书法不隐"的精神著称的史官都言之凿凿、载之正史，也就难怪百姓会笃定的相信神的存在了。另一方面，神话中的神与理想中的尧、舜、禹、汤等圣王明君的形象相比，又是"何其相似乃尔"。他们勤勉于国事、一心为民、兢兢业业、经纬天下、教化百姓。他们不像神动不动就用雷霆万钧的惩罚降临百姓来彰显自己的权威。相反，他们勇于担荷天下的苦难，救民于水火。他们没有神的率性，享受一点祭祀就喜形于色赐给人间风调雨顺、五谷丰登；一旦感觉被轻视遗忘或是祭礼不周则大光其火，雷电交加不吝用洪水猛兽、地震灾荒来施以惩戒。相反，他们理性、坚韧，往往要积数十年之功甚至毕生之力才能完成一件可以造福百姓、彪炳史册的功业。除去他们出生时的一点灵异和长相上的奇怪之外，我们实在看不出他们比人高明在哪？他们的神性除了坐骑和驱赶几只畜生之外到底体现在哪？大禹真要是神的话，洪水应该弹指间樯橹灰飞烟灭，何须呕心沥血、倾毕生之力？精卫真要是神的话，翻江倒海都不在话下，何至衔小石小木终身填海？他的父亲炎帝为何不替女儿报仇雪恨？后羿除了射箭就是一个活脱脱的凡夫，他可以轻而易举地射下九个太阳来，却对偷食灵丹的枕边人嫦娥的背叛逃离之所月亮无能为力；月亮和太阳同样挂在天上，嫦娥假灵丹之效果奔上月亮，后羿为何不一箭射下月亮来以解心头之恨？法力无边、吸江饮海的夸父如果真有神力何以竟为追赶个太阳活活累死？愚公移山只有在故事的最后才出现了两个背山大神。所有的谜团都指向了一个问题，这些神其实一点也不“神”，读他们的故事只要褪去其中的一些非理性的神秘主义色彩之后，完全可以与正史中古圣先王治国平天下的事迹对读。所谓神话实际上就是对古圣先王“经天纬地”事业的童话解读。而这也成了中国上古历史系统和神话系统混乱的一个重要原因。

我们甚至可以梳理出这样一条线索来，在中国上古神话中，神的一生并不全然伴随有神性，从出生—生存—死亡这三个阶段来看的话，很多神只是在出生之时和死亡之后具有超越人力的神性，而在其人生最重要的“生存”阶段中体现的却是平凡、务实、肯干的人性光辉。如果非要说他与凡人有什么区别的话，就存在于他在平凡的人生中完成了伟大的功业。从这个意义而言，上古神话传递的一个很重要的信息就是这些生而灵异、聪慧勤劳的凡夫俗子们是如何完成由人—圣—神的涅槃转换的。同时，我们也不难读出其中的潜台词，即人人皆具成圣、成神的可能性。而恰恰就是这一点，并非统治阶层和贵族集团所专属的特权给了普通百姓以莫大的鼓舞和鞭策，引领他们义无反顾、豪情万丈地投入到现实生活的耕耘中去。这种勤劳务实的生存态度于先民而言，带来的不光是现世的富足生活，更开出了来生成佛作祖、永享安乐的幸福支票，显然后者的诱惑力更是远大于前者。有了如此理想的民间信仰的基础，“圣人”以“神道”设教也就不足为怪了。

一、神话的历史化

正如董晓萍指出的那样：

> 中国神话的谱系，是经过学者的历史知识推导得来的。他们也利用历史化了的资料，去认同其他神话。历史化的神话经过中国民间宗教的改造后，就成了宗教神话，也称创教神话。在西汉道教的创教说中，就有西王母的神话。民间宗教也保护了一些民间文学体裁，在有的历史时期，还促进了它们的发展。如宗教在确定了起源时间和文化英雄在各种谱系传承中的位置后，又要以同样的方法，划定一片中心区，认为世界应当是围绕着它而构成的。大量的民间宗教圣地的传说、朝圣传说、“乐土”传说、讲经故事和宣卷说唱，乘机兴盛。一位学者总结说：“几千年来，我国的宗教史和上古社会传承下来的神话之间，存在着互渗的错综关系。单线型的神话史和宗教史都是不存在的。”①

这些神话故事与历史交织纠葛在一起，如果不了解“圣人以神道设教”的本意，我们不光会对史官秉笔直书的态度产生怀疑，更会以怪力乱神的不经之谈来审视神话这一宝贵的资源。造成的结果就是选择性地看待历史，凡超出经验世界之外的记载，都被视为“不雅驯”，一般存而不论。这就为疑古的思想埋下了非常不好的根源，认为史书所载的神话都是不经之谈。那么为什么古圣先贤不为神话单独造一个话语系统，非要把它和严谨的历史记载扯在一起，让神话历史化，彼此纠缠不清呢？对此，鲁迅先生在《中国小说史略》中有一段精彩的论述：

> 中国神话之所以仅存零星者，说者谓有二故：一者华土之民，先居黄河流域，颇乏天惠，其生也勤，故重实际而黜玄想，不更能集古传以成大文。二者孔子出，以修身齐家治国平天下等实用为教，不欲言鬼神，太古荒唐之说，俱为儒者所不道，故其后不特无所光大，而又有散亡。
>
> 然详案之，其故殆尤在神鬼之不别。天神地祇人鬼，古者虽若有辨，而人鬼亦得为神祇。人神淆杂，则原始信仰无由蜕尽；原始信仰存则类于传说之言日出而不已，而旧有者于是僵死，新出者亦更无光焰也。

因为儒家侧重现世的人格修养，喜欢以圣贤为人之榜样，不愿以鬼神之道教人。这样做固然有很多好处，但流弊之一就是导致很多神话被改造的面目全非了。

---

① 董晓萍：《民间文学体裁学的学术史》，《北京师范大学学报》（社会科学版）1999年第6期，第7页。

我们先来分析一下神话被历史化的原因，概括而言大致有以下三个原因：

（1）表现神的功业的伟大。在中国的神话系统中，神之为神往往不是因为他拥有人类无法比拟的神力，而是他履行了帝王的职责和使命。这与后世正史选择历史人物记载的标准大体一致，更多的是因为其现实的功业。因此神话被历史化的一个目的就是彰显这些神在生命的进程中所创造的丰功伟业，以感召后世的帝王向他们学习，凡夫向他们膜拜。这些功业包括经天纬地、制礼作乐、文物衣裳、典章制度。而这些神一方面是高高在上、颁行政令的圣王；另一方面他们还多是集众多发明专利于一身的发明家。以黄帝为例，他就被塑造成一个上掌天界日月星辰、风雨雷电，下司人间礼乐五谷、文章制度而无所不能的人间帝王。

《管子·五行篇》载：

> 昔者黄帝得蚩尤而明于天道，得大常而察于地利，得奢龙而辩于东方，得祝融而辩于南方，得大封而辩于西方，得后土而辩于北方。黄帝得六相而天地治、神明至。蚩尤明乎天道，故为使当时，大常察于地利，故使为禀者……。

汉《越绝书》曰：

> 炎帝有天下以传黄帝，黄帝于是上事天、下治地，故少昊治西方，蚩尤佐之，使主金。

《世本·作篇》载：

> 黄帝使羲和作占日，常仪作占月，臾区占星气，伶伦造律吕，隶首作算数，容成作调历，沮诵、仓颉作书。

《淮南子·揽冥训》载：

> 昔者黄帝治天下，而力牧、太山稽辅之，以治日月之行律，治阴阳之气，节四时之度，正律历之数，别男女，异雌雄，明上下，等贵贱，使强不掩弱，众不寡，人民保命而不夭，岁时孰而不凶，百官正而无私，上下调而无尤，法令明而不暗，辅佐公而不阿，田者不侵畔，渔者不争隈。道不拾遗，市不豫贾，城郭不关，邑无盗贼，鄙旅之人相让以财，狗彘吐菽粟于路，而无仇争之心。于是日月精明，星辰不失其行，风雨时节，五谷登孰。

《古史考》辑本据《艺文类聚·军器部》载：

> 黄帝作弩。

《太平御览》卷772引《释名》载：

黄帝造车，故曰轩辕氏。

《帝王世纪》辑本载：

黄帝损庖牺氏之瑟，为二十五弦，长七尺二寸。

《竹书纪年》载：

（黄帝）初制冕服。

《路史·后纪五》载：

（黄帝）元妃西陵氏曰嫘祖，以其始蚕，故又祀先蚕。

在以上所引的典籍中，黄帝不仅是一个“上率天时，下袭水土”，深谙治乱之道的圣德明君，还被塑造成是一位“作弩造车，调琴制冕”的大发明家，可谓天纵英才，无所不能。至于蚩尤、仓颉、羲和、伶伦、常仪、少昊等神，则成了他治理天下的得力助手，就连桑蚕的嫘祖也变成了他的正宫娘娘。这些功业显赫、神格完美的大神，最后都进入了中国人的历史和族谱，和黄帝一样被定格在中国人的精神图腾中。正如闫德亮先生所说：“有巢氏构木为巢，燧人氏钻木取火，伏羲结网定姓氏制婚姻，神农作耒耜为农耕，辨百草而确定药草之性能，立日中为市，大禹治水等。他们是人王也就有了许多人王的事业和功绩，也就有了许多文化的发明与创造，这是神话历史化的又一种突出表现。”①

将神话历史化的做法还有一层意思，那就是我们中国人不光是龙的传人，还是神的后裔。这种承袭祖先高贵血脉带来的荣耀，对后人精神的振奋是不可估量的。正所谓“殷道尊尊，周道亲亲”，想想屈原是如何骄傲的高唱“帝高阳之苗裔兮，朕皇考岳伯庸”就会明白，作为五帝中颛顼的血脉传承之人，自带光环的屈原是何等的骄傲自豪。

（2）突出神的谱系的完整。儒家从一开始就特别重视宗族礼法，它的最大功效就是在祭天祀祖、婚丧嫁娶等仪式中构建了一整套持续而稳定的宗教礼仪。如唐君毅先生所说：

此中国儒者所言之祭之本义，原以祭为人之所以交于神灵。故祖先之神灵、圣贤忠烈之神灵，以及天神地祇，皆为实有。人之祖先在生之前，必顾念其子孙，而其顾念之情无尽；圣贤忠烈，在生之前，必顾念于国家中之人与天下后世知人，其顾念之情亦无尽。则其殁而为鬼神，

① 阎德亮：《中国古代神话的文化关照》，北京：人民出版社，2008年，第158页。

其顾念之情，亦自无尽。故人可由祭祀以达其敬诚，成其感格。至于天地之为物，若只视之为有形质之物，则自不堪敬。然此天地，即一切人与万物之生命存在之根原。人与万物有其生命，则为其根原之天地，不得为无生命。人有其心，则为人之根原之天地，不得为无心。万物与人之生于天地之间者无穷，而其生物之事不可测，则天地之心、天地之生命，亦理当同其为无穷而不可测。此对天地之祭，即所以使人之生命心灵，由祭之敬诚，以上达于此无穷之生命与心灵，以与之感格，而使由此根原而生，若离于此根原者，更与此根原相契接，如海水之流入湖泽者再还通流于大海也。①

这种斋庄肃穆的祭礼实际上就是天人相感的仪式体现。

强调宗族理法制度的目的看似为了强化人伦血脉，实则为了稳定国家政权统治的基础。它所提出的自下而上的孝道和祭祖祭天之礼，实际上蕴含了家族信仰与国家权力之间相通的关系。因为祖先去世，其神不远，所以孝亲必须祭祖；天子受命于天，所以忠君等于祭天。在家为孝子，出门为忠臣。所谓的“求忠臣于孝子之门”就是这样的逻辑推理关系。因此，在儒家五伦关系中最重要的只有两种关系：父子关系和兄弟关系。有血缘的父子关系推广出去就是没有血缘的君臣关系，孝和忠成了社会最稳定的伦理根基。血脉相连的兄弟之间的“悌”推广出去，就是四海之内皆兄弟的朋友关系的“义”。孝、悌、忠、义构成了社会最基本的价值体系，只要生而为人，概莫能外。所有的中华民族子民完美地被纳入到孝、悌、忠、义的社会关系网上，有血缘的孝、悌完美的和没有血缘的忠、义勾连在了一起。如何做忠臣义士只要参考孝子悌弟即可。因此，“孝”实际上是五伦中最重要的德行，其他一切由此展开。也因为这个原因，祭礼不光是个人的行为，更是国家最重要的大事。所谓“国之大事，在祀与戎”就是这个原因。因此，祭祀祖先早已超越了个人的礼仪行为的范畴，而变成了一种社会行为。如李向平先生所言：“在祖宗信仰的认同形式里，其神圣资源同样也超越了人际关系网络。它基于‘非我族类，其心必异’的血缘亲疏原则，将每一祖神的崇拜类型置于家族维系和祈福消灾的双重性行动中，其基本的信仰单位是家族、宗族，绝非血缘关系之间的个人能够操办这种活动。”②而忠孝文化建立的理论基础就是出于同一种族，即我们同为炎黄子孙。从血脉而言都是黄帝的后

① 刘梦溪：《中国现代学术经典·唐君毅卷》，石家庄：河北教育出版社，1996 年，第 706 页。
② 李向平：《信仰但不认同》，北京：社会科学文献出版社，2010 年，第 214 页。

裔，从文教而言都是孔子的传人。所以说："种族不始于黄帝，而黄帝实可为种族代表，宗教不始于孔子，而孔子实可为宗教之代表。彼二圣者，皆处吾国自古迄今至尊无上之位，为吾全历史之关键，又人心中所同有者，以之为国魂，不亦宜乎？"[①]这一完美的阐释把所有中国人编织在了同一张网上，经线是血脉，纬线是文教。氏族神和圣人必然成为众人的楷模，事事足为人所效法。既然人有着详细明确的血脉承继的谱系，那么神也就不能全是横空出世，来无影去无踪。而应遵从严格的谱系继承的规律，否则游离在人类谱系之外，神也就失去了存在的价值了。所以在正史中总是不遗余力的梳理甚至捏造神的谱系。最典型的例子莫过于《史记》中关于商代先王谱系的记载：

《史记·殷本纪》载：

殷契，母曰简狄，有娀氏之女，为帝喾次妃。三人行浴，见玄鸟堕其卵，简狄取吞之，因孕生契。……契卒，子昭明立。昭明卒，子相土立。相土卒，子昌若立。昌若卒，子曹圉立。曹圉卒，子冥立。冥卒，子振立。振卒，子微立。微卒，子报丁立。报丁卒，子报乙立。报乙卒，子报丙立。报丙卒，子主壬立。主壬卒，子主癸立。主癸卒，子天乙立，是为成汤。[②]

商朝的氏族母亲简狄吞玄鸟之卵而生契，从此开辟了商朝的谱系流转。类似的记载我们在周朝先王谱系梳理中同样可以看到。影响到正史中很多帝王的谱系都是模仿神的谱系而来的。神话被不同时代的人出于不同的目的定格为真实的历史了。《左传·昭公二十九年》记载了晋国史官蔡墨向魏献子说的一段话：

木正曰句芒，火正曰祝融，金正曰蓐收，水正曰玄冥，土正曰后土。……对曰："少皞氏有四叔，曰重、曰该、曰修、曰熙，实能金、木及水。使重为句芒，该为蓐收，修及熙为玄冥，世不失职，遂济穷桑，此其三祀也。颛顼氏有子曰犁，为祝融；共工氏有子曰句龙，为后土，此其二祀也。后土为社；稷，田正也。有烈山氏之子曰柱为稷，自夏以上祀之。周弃亦为稷，自商以来祀之。"[③]

类似的记载也出现在《山海经·海外东经》中，里面明确记载五方各有

① 许之衡：《读国粹学报感言》，干春松：《制度儒学》，上海：上海人民出版社，2006年，第138页。
②（汉）司马迁：《史记》卷三《殷本纪》，北京：中华书局，1959年，第91—92页。
③ 杨伯峻：《春秋左传注·昭公二十九年》，北京：中华书局，1981年，第1502—1504页。

五神，均为人兽合体的半人半神之形。

> 东方句芒，鸟身人面，乘两龙。
>
> 南方祝融，兽身人面，乘两龙。
>
> 西方蓐收，左耳有蛇，乘两龙。
>
> 北方禺强，人面鸟身，珥两青蛇，践两青蛇。

两相比较可见，《左传》的这一段由神到人的谱系记载，前半部分完全来自《山海经》，后半部分就明显出自杜撰，这是为了给后稷梳理一套完整的族谱而逆推上去的。目的就是造出后稷是神的传人这一结论来。《山海经》中的句芒、祝融、蓐收、禺强等神的神迹被《左传》剔除了，只留下了他们的名称。在严格的血脉承继、谱系梳理中，神接受了人间宗法制度的洗礼，被完全“人化”了。而所谓的神话被历史化的过程实际上就是神被人化的过程。透过这些以“实录”的史学精神著称的史官的偶尔一次越轨的“再创造”的工作，我们可以看出实际上史官们很清楚神和神话就是为人服务的，它们之间根本不存在无可逾越的鸿沟，只要对人间的治理和教化有用，神可以一次次的被下拉到人本位上，同样的道理，如果需要的话，人也很容易被塑造成神，接受天下百姓的膜拜。

（3）彰显神对秩序的遵守。我们一再强调了在中国文化中“秩序”的重要性。如 S. N. 艾森斯塔特所说：

> 为了贯彻各种集体目标，维持政权在社会之中的地位以及完成其调节和整合功能，就需要资源、服务和支持的不断输入；在此，政权就依赖于其他制度领域。政权必须从经济领域中获取各种人力、劳动、物资和货币资源。在争取对政权的基本支持、对其象征的认同、统治者的合法性以及扮演政治角色的动力方面，政权依赖于文化制度。①

因此，所谓的长幼尊卑、礼法制度等文化层面的制度建设，其最终的目的都是出于维护统治“秩序”的考虑。整个东周时代的动荡和征伐都可以归结为原有秩序的崩塌，面对混乱无序的时代，诸子百家们不遗余力、奔走相告。他们都在努力推行各自的政治主张，而这么做最根本的目的就是为已经礼崩乐坏的时代重新“建序”。秩序不容破坏、不容置疑，更不容挑战，自天子以至于庶人皆须无条件地遵守“秩序”。对于中国社会中信仰对秩序的维护，让—皮埃尔·韦尔南有一段精彩的论述：“中国人特有的信仰、宗教

① （以）S. N. 艾森斯塔特：《帝国的政治体系》，阎步克译，贵州：贵州人民出版社，1992 年，第 8—9 页。

现象说明，种种崇拜、种种信仰、种种人际神伦关系——如何通过某种秩序的整合，把一群人团结在一种神圣性周围，整合在普遍皇权主义的周围——如何转移进入权利秩序之中。在一个王朝权利秩序的范围中，神圣信仰就只有这样一个使命。这样，人们就可以对某些价值象征以及被精神偶像动员起来的信仰，它们如何起作用的方式，从事一个社会学的分析”。[①]中国社会中这种人人需要谨守的秩序，概括而言可分为三种：（1）天地秩序。（2）尊卑有序。（3）祖宗成法。显然后两种秩序源于第一种，其中所强调的无非是“人各安乎其本位，勿生不平僭越之心。”受此影响，逐渐形成整个社会人人各安天命、自得其乐的生活态度。这也使得整个国家具有超乎寻常的稳定性，不到万不得已是没有人铤而走险的。而这些恰恰是封建时代的帝王最需要、最看重的。高明的史家很清楚维护秩序在其中的意义，因此他们不遗余力地把神话中的故事和历史事件对等起来，其目的无非是强调秩序的重要性。“社会秩序范围着个性，为了秩序的维护，一切足以引起破坏秩序的要素都被遏制着。”[②]人间秩序至上，神界亦是如此。神作为人的表率应该更严格的遵守秩序，否则将招致十分严厉的惩罚。像治水的鲧、舞干戚的刑天、和黄帝叫板的蚩尤，这些大神们悲惨的下场，实际上都是向人类昭示挑战秩序的后果，神话背后的潜台词是：神犹如此，人何以堪。所以在神话故事中塑造的这些失败的、悲情的英雄都是在彰显神对于秩序的遵守。这与西方神话截然不同。“亚里士多德的神对他所创的世界几乎无所觉察，而《圣经》的神则不断激情地涉入人类事物。希腊的神是可经由人类理性揭露，而《圣经》的神则只能从天启中得知。”

对自然秩序的遵守不光意味着不能挑战天帝的权威和自然的秩序，还意味着所有的自然神、行业神都必须在自己的职权范围内履行相应的职责。如果尸位素餐，只接受祭祀的贡品却不能保一方水土平安，神也会受到相应的惩罚。“作为世俗和天国秩序的统治者，君王能主宰各方神灵的等级升降，并对其渎职行为作出惩罚。……在求雨失败时，人们往往会对城隍实施惩罚性的仪式。”[③]“对失德政府失去信任或公共道德的沦丧，都使民众在危机时期对神的显灵产生期待。如果公共威权在执行正义或克服灾难方面表现得极其无能，而人们惯用的方法又不能缓和大众普遍的失望，那么作为政治伦理

① （法）让—皮埃尔·韦尔南：《神话与政治之间》，余中先译，北京：生活·读书·新知三联书店，2001年。
② 费孝通：《乡土中国》，北京：人民出版社，2015年，第57页。
③ 杨庆堃：《中国社会的信仰》修订版，范丽珠译，成都：四川人民出版社，2016年，第144页。

秩序一部分的神灵也要承担相应的责任。因此，当祭祀和祷告不能使长期的旱灾停止，地方官就会不时地鞭笞城隍的神像或把他暴晒于烈日之下以求雨。”[①]身为城隍爷，为一方百姓禳灾祈雨责无旁贷。做不到这一点非但没有贡品，反而神威丧尽，被曝身于烈日之下以示惩戒。这与其说是在打神的屁股，倒不如说是在打地方官的脸，老百姓是借神来撒对地方长官抗灾无能的气。看到这一幕，施政者多少会惴惴于心的。

中国神话中神对秩序的遵守还体现在，神既然在人间就必须完全按照人间的规矩和秩序办事，而不能“滥用神力”，也不能动不动就显示超凡的神力，以达到“弹指间樯橹灰飞烟灭”的效果，这在神界和人界都是不被允许的。因此大禹治水需兢兢业业、精卫填海要勤勤恳恳、愚公移山要老老实实，直到感动上苍才允许“神力”的出现。这时天帝垂示的治水大法“洪范九畴”出现了、天帝派来背山的天神出现了。只有天上最高的天帝可以打破或终止秩序的运行，这种来自最高层的破坏，非但没有消解“秩序”的至上，反而增加了秩序的权威，因为“天帝”是秩序的制定者、执行者和监督者，他就是秩序。而这种对于秩序的强调无非来自两个方面，嘉善和惩恶。神话中是如此，历史中也不例外。神话惩恶扬善的精神影响到正史中最典型的例子，莫过于《左传》中鲁国的季文子关于上古传说中“八恺”“八元”“四凶”的记述：

> 昔高阳氏有才子八人：苍舒、隤敳、梼戭、大临、尨降、庭坚、仲容、叔达，齐、圣、广、渊、明、允、笃、诚，天下之民谓之“八恺”。高辛氏有才子八人：伯奋、仲堪、叔献、季仲、伯虎、仲熊、叔豹、季狸，忠、肃、共、懿、宣、慈、惠、和。天下之民谓之“八元”。此十六族也，世济其美，不陨其名，以至于尧，尧不能举。舜臣尧，举八恺，使主后土，以揆百事，莫不时序，地平天成；举八元，使布五教于四方，父义、母慈、兄友、弟共、子孝，内平外成。昔帝鸿氏有不才子，掩义隐贼，好行凶德，丑类恶物，顽嚚不友，是与比周，天下之民谓之“浑敦”。少皞氏有不才子，毁信废忠，崇饰恶言，靖谮庸回，服谗搜慝，以诬盛德，天下之民谓之“穷奇”。颛顼氏有不才子，不可教训，不知话言，告之则顽，舍之则嚚。傲很明德，以乱天常，天下之民谓之“梼杌”。此三族也，世济其凶，增其恶名，以至于尧，尧

① 杨庆堃：《中国社会的信仰》修订版，范丽珠译，成都：四川人民出版社，2016年，第139页。

> 不能去。缙云氏有不才子，贪于饮食，冒于货贿，侵欲崇侈，不可盈厌，聚敛积实，不知纪极。不分孤寡，不恤穷匮，天下之民以比三凶，谓之“饕餮”。舜臣尧，宾于四门，流四凶族浑敦、穷奇、梼杌、饕餮，投诸四裔，以御螭魅。是以尧崩而天下如一，同心戴舜以为天子，以其举十六相，去四凶也。故《虞书》数舜之功，曰“慎徽五典，五典克从”，无违教也；曰“纳于百揆，百揆时序”，无废事也。曰“宾于四门，四门穆穆”，无凶人也。！①

传说中的“八恺”“八元”因德行的嘉美而被封为学习效仿的楷模，以“使布五教于四方”，被树立为学习的典型；相反“四凶”因斑斑劣迹被放逐，也足为世人的警示。在季文子的眼中，“八恺”“八元”“四凶”这些神的事迹完全可以作为现实的警醒和参照，所以他引用“《虞书》曰‘慎徽五典，五典克从’，无违教也；曰‘纳于百揆，百揆时序’，无废事也。”道德和秩序成了人神两界必须共同遵守的行为准则，否则就会像“四凶”一样招致上天无情的惩罚。

二、历史的神话化

亚里士多德曾说“历史相对于诗歌和神话而言，是微不足道的。”“其中前者是描述发生的事实，而后者则描述可能发生的事。因此诗歌比历史更哲学、更深刻，因为诗所叙述的是普遍真理，而历史则是叙述特殊事件。”②神话相较于历史虽然有时记录的只是只鳞片爪，甚至语焉不详，但其中传递的信息却是非常重要的，绝不能视而不见。我们不能说正史中一语带过或没有记载的事就一定没有发生过，史书没有记载的人物就一定不存在。这样表述并不是认为神一定是存在的，而是我们要以什么样的眼光来审视史书中的神话故事，或者说如何看待史书记载的历史与神话之间的关系。如一味地疑古则非但神话研究会受损，甚至很多重要的史实和真实的历史人物都会遭到质疑。受疑古派的影响，很长一段时间中国的史家对老子生活的时代、屈原其人是否存在、孙武子可能就是孙膑等司马迁在《史记》中已经言之凿凿的事情产生了强烈的怀疑。直到郭店楚简和银雀山汉墓文物的问世才印证了太史公的记载。中国社会科学院的杨义先生曾经谈道：

① 王守谦、金秀珍、王凤春：《左传全译・文公十八年》，贵阳：贵州人民出版社，1990年，第471—473页。

②（英）凯伦・阿姆斯特朗：《神的历史》，蔡昌雄译，海口：海南出版社，2013年，第47页。

其实大量的民族记忆、民族想象都是通过口头传授的，比如黄帝的传说，尧舜的传说，大禹治水的传说，这些传说实际上早就存在了，什么时候记录的？我们的疑古学派有时候走进了一个误区，他们认为这些传说是先秦诸子伪造的，而实际上这都是民间的传说，诸子正是利用它们来创造自己的学问。司马迁写《史记》的时候，走了几万里，到处的人都在讲黄帝、尧舜，这就是民间的资源，民族对自己的部族始祖的一种记忆。包括现在的苗族，在苗族的古歌里，讲蚩尤是他们的祖先，他们认为人类文明三祖是炎帝、黄帝、蚩尤。

早在汉代，毛奇龄就以《六经》中无“髭髯”二字记载，难道说中国男人是到汉代才长出胡子？辛辣地讽刺了疑古派“史书未载，未必存在”的立论根基。历史是由全体人类创造出来的，但写在史书上的历史则无不和伟人的功业休戚相关。不用说《春秋》《左传》这样的编年体史书，就是创立纪传体体式专为“人”作传的司马迁所选择的人物也是那些生命中充溢着昂扬向上、流光溢彩的奇幻人生的不凡之士。正所谓“子长多爱，爱奇也！”人类历史从来就不歌颂平庸、赞美猥琐，历史更多的记录的是那些和帝王将相息息相关的重要人物和重大事件。同时史书中的神话也是那些史官根据统治的需要，把理想统治者的人格放大、创造、抒写出来的。而所谓的理想统治者实际上就是神的人间品格，上古那些被神话、谱系化了的理想统治者的传记，传递的思想就是历史是由伟人（神的人格）创造出来的。中国的神如此，西方的神也不例外：

“英雄”被看作是“神”，“英雄”被看作是“先知”，后来“英雄”只被看作是“诗人”。……最早我们把他看作是一个神明，之后看作是一个感受神的启示者。①

神或者说英雄的业绩对于百姓来说是最好的感召，号召大家抒写自己的历史、创造自己的神话。很多伟大的人物是因为在历史上的伟大功业而升格为“神”的。《史记》卷八《高祖本纪》载：

（汉）高祖，沛丰邑中阳里人，姓刘氏，字季。父曰太公，母曰刘媪。其先刘媪尝息大泽之陂，梦与神遇。是时雷电晦冥，太公往视，则见蛟龙于其上，已而有孕，遂产高祖。②

在这条记录中，司马迁要向读者传递两个非常重要的信息：（1）汉高祖

①（英）卡莱尔：《英雄与英雄崇拜》，何欣译，沈阳：辽宁教育出版社，1998年，第92页。
②（汉）司马迁：《史记》卷八《高祖本纪》，北京：中华书局，2005年，第341页。

是神的后裔。（2）汉高祖是龙子。这种受命于天的思想与商周时期的氏族神话并无二致。有了这两条，汉家政权的合理性、刘邦地位的权威性就得到了绝对的保证。对于这样一个亦人亦神、延祚天命的真龙天子而言，后边的“斩白蛇而起义”的神迹也就丝毫不奇怪了。同样在《汉书·外戚传》中所载的汉武帝的太子因为在母胎里呆了十四个月生而灵异被立为太子，就是后来的汉昭帝。这种自神其祖，将历史神话化的流毒波及魏晋南北朝时期，一些入主中原的游牧民族的政权把中原正经八百的文化没学多少，这些神神怪怪的东西倒是一点就通，纷纷把自己的祖先发扬光大、夸张神话，流毒所至贻害无穷。

苻健，氐人，前秦皇帝。《晋书》卷一百一十二《苻健载记》云：

> 母姜氏梦大罴而孕之。①

在淝水之战中，前秦的主帅苻坚也是生而灵异。《晋书》卷一百一十三《苻坚载记》言：

> 其母苟氏尝游漳水，祈子于西门豹祠，其夜梦与神交，十二月而生坚焉。有神光自天烛其庭。背有赤文，隐期成字，曰“草付臣又土王咸阳”。臂垂过膝，目有紫光。②

石勒，羯人，后赵政权的建立者。《晋书》卷一百零四《石勒载记》载：

> 勒生时赤光满屋，白气自天属于中庭，见者咸异之。③

李雄，巴氐人，成汉皇帝。《晋书》卷一百二十一《李雄载记》曰：

> 母罗氏，梦双虹自门升天，一虹中断，既而生荡。后罗氏因汲水，忽然如寐，又梦大蛇绕其身，遂有孕，十四月而生雄。④

显然李母梦蛇而孕的神话是受了《史记》卷八《高祖本纪》中关于刘邦出生时灵异之象的影响。

拓跋珪，鲜卑人，北魏太祖道武皇帝。《魏书》卷二《太祖纪》记：

> 母曰献明贺皇后。初因迁徙，游于云泽，既而寝室，梦日出室内，寐而见光自牖属天，歘然有感。以建国三十四年七月七日，生太祖于参合陂北，其夜复有光明。⑤

其实，这些后世帝王竞相自神其祖的目的无非是昭示天下，宣布自己的

①（唐）房玄龄等：《晋书》卷一百一十二《苻健载记》，北京：中华书局，1974年，第2868页。
②（唐）房玄龄等：《晋书》卷一百一十三《苻坚载记》，北京：中华书局，1974年，第2883页。
③（唐）房玄龄等：《晋书》卷一百零四《石勒载记》，北京：中华书局，1974年，第2707页。
④（唐）房玄龄等：《晋书》卷一百二十一《李雄载记》，北京：中华书局，1974年，第3035页。
⑤（北齐）魏收：《魏书》卷二《太祖纪》，北京：中华书局，1974年，第19页。

政权受命于天，自己乃真正意义上的真命天子，实质还是彰显政权的合理性。

在中国文化中，所谓的圣人或者说被神化的圣人，并不是以拥有多少超群的力量和神通来衡量的。最主要的是他们必须严格地按照自然天启、宇宙天道——“道”的规律做事。而天“道”落实在人身上就是“德”。因此，我们会看到，在神的身上少了很多人的随意性和感性的东西，更多的是一种规律性和理性的节制。作为对人的引领和感召，把历史部分的神话化的目的就是为了更好地为百姓灌输历史的发展是有规律可循的，只要帝王亦步亦趋、中规中矩，就能差强接近这一自然规律——“道德”。相反，如果帝王违逆自然天道，倒行逆施、横征暴敛，最终也难逃覆亡惨败的历史宿命。通过皋陶和大禹的对话我们就可看出这种道德在国家统治中的崇高地位。

> 皋陶作士以理民。帝舜朝，禹、伯夷、皋陶相与语帝前。皋陶述其谋曰：“信其道德，谋明辅和。”禹曰：“然，如何？”皋陶曰：“於！慎其身修，思长，敦序九族，众明高翼，近可远在已。”禹拜美言，曰：“然。”皋陶曰：“於！在知人，在安民。”禹曰：“吁！皆若是，惟帝其难之。知人则智，能官人；能安民则惠，黎民怀之。”[①]

皋陶给大舜献策：“信其道德，谋明辅和”是为帝之总纲，落实在具体事功上就是“慎其身修、敦序九族、知人安民”，因为“知人则智，能官人；能安民则惠，黎民怀之”。天有天道、人有人道，帝王有帝王之道，百姓有百姓之道。将历史神话化的一个重要的作用，就是感召人要向神学习，使整个社会自上而下皆遵“道”而行，而不能跳出规律的约束肆意妄为。

通过上面的分析我们可以看到，把神话下拉到历史的“执假为真”的做法和将历史涂抹上神的痕迹的“牵真就假”，其真实的目的都是圣人为了教化而玩的障眼法。周公、孔子等古圣先贤洞穿了历史与神话的真相，知道如果纠缠于其中，则难免陷入“人被神化”和“神被人化”的无谓争论中去。莫不如从历史中总结一些规律性的行为准则和伦理道德的标准让世人遵守，圣人的着眼点不是冰冷的历史，也不是奇幻的神话，而是现实地、活泼的人。对人而言神话与历史是最好的教科书，神话讲述的是开国祖先草创之初、受命于天的事，历史记录的是老祖宗筚路蓝缕的丰功伟绩。神话活泼但失之于怪异；历史严肃然失之于呆板。只有将两者水乳交融的糅合在一起才

①（汉）司马迁：《史记》卷二《夏本纪》，北京：中华书局，1959年，第77页。

能让百姓在“亦真亦假、亦幻亦真”中体味到圣人以神道设教的良苦用心。所以，一方面孔子不语怪、力、乱、神，不言天道与性命，只谈事人不问事鬼；另一方面却又不遗余力的推崇神话中的古圣先王。在《论语·泰伯》中，孔子赞美道：“大哉尧之为君也！巍巍乎！唯天为大，唯尧则之。荡荡乎，民无能名焉。巍巍乎其有成功也，焕乎其有文章！”[①]“唯天为大，唯尧则之”的赞叹将尧与天地并称。舜、禹步其后尘、光耀后世。等到了孟子的时候又进了一步，不仅称颂尧舜之功，而且明确号召帝王治民、臣子事君须效法尧舜：“欲为君，尽君道；欲为臣，尽臣道。二者皆法尧舜而已矣。不以舜之所以事尧事君，不敬其君者也；不以尧之所以治民治民，贼其民者也。”[②]尧舜的治国理念就是历史的规律，后世帝王必须掌握、遵守，否则就是“贼其民者也”。

也正因为上述神话与历史夹缠不清的关系的原因，衍生出了后世研究者对待“神话”与“历史”的三种不同态度。第一种认为上古所载神话完全出于虚构，与历史真实无关，史籍中关于神话人物事迹的记载多数出于后世附会，即疑古派的思想，顾颉刚、杨宽等人多持此看法。第二种认为神话所载固然有神秘色彩、有夸张附会的成分，但其中所提到的人物及事迹大体属实，绝不能忽视神话的历史价值。即使像《山海经》这样看似“虚无缥缈之言”的作品，褪去其中的神奇色彩也可与正史对读。第三种是对神话与历史取舍调和的折中态度，认为上古历史同神话一样留有大量人工加工、改造的痕迹，其本来真实面目谁都无法说清，既然说不清楚还不如不说，索性各归其本位就事论事，把神话当神话读、历史当历史读，一旦两者发生冲突则另当别论。以上三种观点各有短长，但如果我们把上古神话和上古历史放置在教化这个大背景下考量的话，则很多问题将迎刃而解。

第三节　从神话到政治

我们看到中西神话在产生之初都相对单纯一些，必然有解释自然、崇拜自然的成分混迹其中，但随着政治实体的出现，神话的面貌发生了一些微妙的变化。卡西勒说：

> 研究人类文明的史学家曾告诉我们，在发展中，人类必须经过两个

① 杨伯峻：《论语译注·泰伯》，北京：中华书局，1980年，第83页。
② 杨伯峻：《孟子译注·离娄上》，北京：中华书局，1960年，第165页。

不同的阶段。人开始为魔术者，但从魔术时代，他过渡到了技术时代，以前时代的原始文明的魔术者变成了一个技术者和工匠。如果我们接受这样一个历史的区分，我们现代政治神话确出现为一件非常奇怪和诡谲的事物，因为我们在其中所找到的，乃是两个似乎相互排斥的活动的杂合。现代政治家必须在他自己之中，杂合两种全然不同乃至相互矛盾的功能于一炉，他必须同时作为一个魔术者又作为一个技术者而行动。他是一个全新的完全非理性的且神秘的宗教教士。但当他必须防卫并传播这宗教时，他非常有方法、有规则地进行，没有一件事是被留下来碰机会的，每一步骤都准备得相当好了，并预先思虑过。这奇异的组合，是我们政治神话最震惊人的特征之一。[①]

经历了自然崇拜的阶段，神话的功能发生了转变，开始与政治联系在了一起。“然而政治长久稳定的前提是政治必须成为更长久有效的神祇政府的一部分才行。因为是神祇在创造世界时，把世界从太初的混沌中理出秩序来。”[②]既然是神从混沌中建立了秩序，那么政治建序就不能完全抛开神话的作用。

那么神话又是如何一步步的走向政治，或者说神话是在怎样的层面上与政治发生关系的呢？我们先来看让—皮埃尔·韦尔南的一段论述：

必须认识到，在理性的形式跟社会生活及政治生活层面上的变化之间，是有着一些关联的。……宇宙由多种多样的元素组织而成，它们全都服从于一个共同规律。在那里，最基本的是权力（kratos）不要被构成城邦的因素中的一个、被城邦的人物中的一个所独揽。不然，就将出现暴政统治，随之而来的，则是城邦的毁灭。要想有城邦，就必须让权力放置在民事空间的中心。用来表示这种面貌的希腊词叫作 isonomia。必须让这种平衡永恒地保持下去。[③]

政治不能大权独揽，要留一些权力或对权力的想象到民间。这样才能使统治稳固。但没有那个统治者愿意真的把一部分权力让渡出来，因此，留给民间的就由权力变成了权力的想象。

当克里特人戈提那诚的泰勒斯（或者是泰勒塔斯），抒情诗人，在斯巴达显得与利库尔戈斯的业绩紧密地联结在一起时，克里特人菲斯托

① 转引自牟宗三：《政道与治道》，桂林：广西师范大学出版社，2006 年，第 73—74 页。
②（英）凯伦·阿姆斯特朗：《神的历史》，蔡昌雄译，海口：海南出版社，2013 年，第 13 页。
③（法）让—皮埃尔·韦尔南：《神话与政治之间》，余中先译，北京：生活·读书·新知三联书店，2005 年，第 245 页。

斯城的埃庇米尼得斯，“这个得到神的爱的人，这个通晓有关启迪与神秘的神明之事的人”，则在雅典与索伦的业绩紧密地联结在一起。如果我们相信普鲁塔克的话，泰勒斯被看作一个抒情诗人，但在实际上，他是作为一个完美的立法者在行动的：“因为他的歌颂就是对温顺与和谐的赞扬，其音调与节奏都非常特别地在启迪人们热爱法则与秩序。在听众的不知不觉之中，这些颂歌柔化了他们的风俗习惯，使他们习惯于去爱善，而不是去爱那时还风行于公民中的恶。他就是这样，以某种方式，为利库尔戈斯扫清了改造斯巴达人的道路。”至于埃庇米尼得斯，他一来到雅典就与梭伦结下友谊，在普鲁塔克看来，“他使梭伦的任务大大地变得容易，他引导梭伦建立其他的法律”。以什么方式呢？“他以宗教的赎罪、净礼、基金等方式，为城市祝圣，为它驱邪，通过这样来使它从属于法律，更为温柔地赢得和谐。”在古代的斯巴达和雅典，“立法者们”的业绩就这样由于一些人物的介入而得到准备和伴随，总之，是得到支持和加强，他们使用整整一系列的诗歌和宗教的手法，发挥歌唱、咒语、净化的礼仪、崇拜、圣物基金等等的强大力量，来获得政治家们的决定所能获得的同样效果。它的目的是要使公民变得更优秀，使恶人变得不那么恶，以此来柔化社会关系，来化解对抗，使公民们团结一致，把仇恨变为友谊。受神启的诗人、智者、卜者、通晓神明之事的贤哲、制定法律的人、政治家——这些人物依然彼此相联系，他们在城邦生活中的介入领域依然部分地相互交叉。①

这一整套歌唱、咒语、净化的崇拜仪式，让老百姓在手之舞之足之蹈之中完成了对权力的想象，认为自己也参与到了神圣的政治生活中了。如果这种参与是以集体的形式完成则更突显其神圣性。“希腊人把记忆神圣化，建立起一套大规模的心灵回忆的神话。这一宗教的‘记忆’与一些在封闭的和专门化的团体内部实践的、十分特别的回忆技术联系在一起：在行吟诗人的行会中，它们属于诗意灵感和预知力的修习；在占星家中间，它们准备着获得一种占卜的出神入化；在宗教团体中，它们寓于赎罪和拯救的精神操习之中”②。

诗歌、咒语、礼仪、崇拜等因其对百姓的巨大影响力和感召力而被政治

① (法) 让—皮埃尔·韦尔南：《神话与政治之间》，余中先译，北京：生活·读书·新知三联书店，2005年，第256—257页。

② (法) 让—皮埃尔·韦尔南：《神话与政治之间》，余中先译，北京：生活·读书·新知三联书店，2005年，第21页。

家们改造，用来治理国家。神话更是因其广远的影响力而被政治家所钟爱，正是在这个意义上神话与政治发生了关系。

一、从神治走向人治

在前面的论述中我们可以看到，儒家这一对中华两千年文明实体产生巨大影响的学说，严格意义上来说不能算作宗教。但不可否认，在其产生之后的发展过程中引入了很多宗教的仪式、仪轨的东西，使它貌似披上了宗教的外衣。但较之于其他一神教，自始至终儒家在信仰层面始终没有将人们导向对形而上的本体进行崇拜，而是以社会、政治、文明、伦理的需要将人引入入世的合理性行为方式。这一点国外学者早有论述："研究中国文化的著名学者谈论：官方对公共信仰的祭祀只是仪式性地礼节，在中国社会生活中不带任何现实意义。韦伯敏锐地观察到：'伟大的自然神越来越无个性可言。对他们的崇拜被降格为官方的仪式，仪式中的情感因素则被逐渐虚化，最后竟为社会习俗所取代。这是所谓有教养的知识分子阶层的杰作，他们完全将典型的大众宗教需求束之高阁。'"[①]更有甚者，后期儒家的祭祀仪式更大程度上演变为节日庆典的礼仪，从而逐渐失去了对人的行为和思想的有效约束。这种缺乏严格规定性和戒律性的学说，就会给师心自用的人以极大的解释空间。换句话说，如果儒家不能对人的行为产生戒律性的约束，终会沦为无可无不可的口头禅和坐而论道者。没有了对行为的约束和指导，一切将无从谈起。这也是孔子为什么如此痛恨"乡愿"的原因，以致痛斥其为"德之贼也"。正是因为上述原因，导致儒家不可能走向严格意义的宗教，而始终游走于神话、哲学与政治之间。但其间有一个稳定的、明确的、指向性的价值始终没有发生变化，这就是其中对"教化"一以贯之的强调。这种被韦伯批评的沦为社会习俗的仪式化崇拜，其实正是儒家区别于其他宗教的高明之处。正所谓"请神容易送神难"，西方神话请来神以后，神在人的生活中已逐渐不可缺位，因此必然要发展出宗教，把神捧在最高的位置上。中国神话请来神当完成社会规制的初步建设后，又不露痕迹的把神送走，将最高的位置留给了文化。这也是儒家认为文化高于一切的原因之一。宗教首先要求崇拜，然后才导向理性的自律的生活。儒家则不然，一开始就陈义很高，人人皆可成圣成贤，所以他的要求是剥离了最高神的惊怖震慑的第一义以后直接

① 杨庆堃：《中国社会的信仰》修订版，范丽珠译，成都：四川人民出版社，2016年，第140页。

给出的结果。这种直接导向最高理性的要求固然很好，但对于普通愚夫愚妇而言则未免曲高和寡。因为陈义太高，凡夫难以企及，所以为了便于大家的理解，在对于圣贤的笔法处理上就不能过分的真实、理性、绝对。他们的形象既要高于人、别于神，又要近于神、别于人。这就需要引入一些神迹将之导向虚无缥缈、莫可征信的神灵的世界。这样就使得本来严肃、高深，只针对一小部分人知识阶层的儒家思想变得活泼、宽容、通脱。上可用圣人之事引领文人士大夫阶层，下可用神灵之迹感召文化素养不高的底层人民，真可谓是一以贯之，概莫能外。通过对凡—贤—圣—神的分层论述，可以看出儒家为每个人都找到了一个自下而上、超凡入圣、一以贯之、打成一片的心灵提升的解脱之道。正如方东美先生所说："此种古代之'神性与人性观'——实为'神人一体观'——乃是中国伦理文化之根源。一言以蔽之，上天之光明神力贯注人性，乃成就其内在的本来伟大，天德下贯，人德内充生故。"①"吾人于是可知，以天上原型代表大中意义，一旦为众人所正确了解之后，复知该一意符实代表神、自然与人三者间之精神连贯（天、地、人三极一贯），则正义之道德原则即统贯真实存在界之全域，其中一切存在——神、自然与人等——皆为众生一往平等之道德力，而互动相生，企图止于至善，以臻于道德圆满实现之境。中国先哲宇宙观谓天下万物一往平等，'各正性命'，'尽性为善'，乃是以道德价值之究竟标准为核心，故又发展出'正德利用厚生论'：德正而后幸福实现，含社会、经济、政治以及文化等全幅生活之福祉。"②理解了这些，再看杨庆堃先生对儒家的定义确为的论："儒家正统就神学意义而言并不能算作宗教，而以正统为支撑的传统信仰则最终发展成了一条由多股宗教支流汇集而成的多神大河。"③

因此，相较于其他宗教，儒家略显神秘却不神圣，甚至可以说平常、平凡就是它所竭力追求的目标。理论看似简单、实则高深；要求看似平常、实则很难。每个人根据自己的理解、自己的行动去接近圣人的境界。由于众生根性不齐，这种信仰最终必然导向极强的个人主义色彩，而很难形成一种如其他宗教心灵修炼一般严格的、层次化的成长递进的过程。也就是说在儒家体系中，自我的进步并没有什么明显的指标性的东西，让自己和别人感知出来，只能用抽象的道德来予以解释。如李向平先生所言："中国人与神的关

① 刘梦溪：《中国现代学术经典·方东美卷》，石家庄：河北教育出版社，1996年，第84页。
② 刘梦溪：《中国现代学术经典·方东美卷》，石家庄：河北教育出版社，1996年，第86页。
③ 杨庆堃：《中国社会的信仰》修订版，范丽珠译，成都：四川人民出版社，2016年，第168页。

系难以被宗教组织予以制度化，甚至处理为一种人间利益的交换关系，随时可以移动、转换，正如儒教伦理圣人正义论的核心——道德心性一样，依人而异，道德随机。”[①]但也正是因为这种简单易行、平常日用，没有指标性的量化考核，没有严格的教规戒律，使得儒家的门槛很低，入口很宽，加之关注点始终不在虚无缥缈的天界和彼岸世界，使每个人都能把自己的全部力量贯注到日常生活中去。诚如吕思勉先生所说：“儒家之真精神贯注在社会政治方面。其视为重要之问题，为教养二者。……养之问题，偏重于平均地权；教之问题，必求其百废俱举。”[②]由于全副身心贯注在生活中，因此中国人关注的重点始终是人与人的关系而非人与神的关系，正是这种对人神关系的态度的巨大分野，导致西方神话最终发展成为宗教，而中国神话最终指向了政治。

因为中国神话中人神关系的核心还是人与人的关系，所以当神话发展到一定阶段必然要为政治服务。这种服务来大体自于两个方面：（1）教化引导；（2）约束管理。同时，作为一种天然的润滑剂，神话或者说政治神话可以起到很好的调节统治者和被统治阶层的关系。如果再加入中国的祖先神的祭礼崇拜则效果更佳。这一点杨庆堃先生也有所察觉：

> 祭祀与祖先崇拜是早期中华文化中被孔孟及其后历代儒家学者融入儒家传统之中的两大元素。祭祀是为祈求超自然力量的庇佑和祝福而对鬼魂所进行的一种仪式性行为，这是《尚书》《诗经》等孔子之前的文献中清清楚楚记载着的关于祭祀的意义。到了孔子的时代以及其后的两个世纪中，理性化思潮促进了对祭祀的道德、社会功能的不断强调，为规范社会行为，祭祀成为儒家体统中“礼”的一个关键部分。早期的著作，如《礼记》《国语》等，认为祭祀的世俗功能就在于能够培养孝顺、忠诚等伦理价值。儒家以崇德报功为由，认为举行祭祀是文明生活发展的一个基本要求。[③]

《礼记·祭统》载：“凡治人之道，莫急于礼。礼有五经，莫重于祭。”在儒家祭礼的模式当中，祭祀天帝与祖先亡灵成了制定礼法制度的关键所在。其中所体现的是“以神威人、以神教人、以神治人”的高明教化思想。所谓礼乐制度的“礼”，本意是为了更好的协调人与人之间的关系、涵容人

① 李向平：《信仰但不认同——当代中国信仰的社会学诠释》，北京：社会科学文献出版社，2010 年，第 304 页。
② 吕思勉：《吕思勉文史四讲》，北京：中华书局出版社，2008 年，第 146—147 页。
③ 杨庆堃：《中国社会的信仰》修订版，范丽珠译，成都：四川人民出版社，2016 年，第 198 页。

与人之间的情感而制订的基本行为准则。但中国的“礼”最初却都源于“祭礼”。这表明人只有处理好人与神之间的关系，才能奢谈人与人之间的关系，而人间的礼仪最有效的方法就是取法于祭礼。可以说“祭礼”的出现是从“神治”走向“人治”的一个重要过渡，这就部分的褪去了“神”对人的绝对掌控，从而给予人相对较大的自由意志体现的空间，同时将天神、英雄神、氏族图腾、祖先神统归于祭祀的范畴，既部分的体现他们的力量，又能更好地约束、指导人的生活。神的功能也由之前的“事必躬亲”而简化为“惩恶扬善”。方式也由之前的命令、强制的“明令”，一变而为需要通过卜祝占筮、灾异天启、静思默想、人神相感等方式才能感知到的“暗示”和“启示”。如果仅仅视“祭礼”为“以神驭人”的方式，还是没有探究到问题的核心，其中传递的更重要的还是“建序”和“秩序不容挑战”的统治思想。从这个意义而言，儒家饱受诟病的无任何强制力、完全出于自律的“礼乐制度”的治世思想，其中实际上是包含着法家强制执行的意味的。只不过这种强制与法制的区别在于，一个控制思想以“防患于未然”；另一个惩戒行为“以儆效尤”。而这种强制的背景是上古时期笃定的相信“神力”，一旦“礼崩乐坏”进入“人定胜天”的“法治时代”，祭礼的作用将大打折扣。

祭礼的另一个为法治所不具备的好处在于，法治可以约束天下人，但对于制定法律的天子、诸侯却无能为力。这一点看看《春秋》中的晋灵公等人的做法，即可尽知。而祭礼是可以约束包括帝王在内的所有人。从帝王甚至努力地要身兼巫师的身份，就可见其对祭礼的重视程度。“从东周时期开始，传统宗教的神学思想和仪式，在很大程度上以弥漫性宗教的形式被融合到世俗社会制度中去了，尤其明显地表现在祖先崇拜和伦理—政治崇拜上。传统宗教的仪式层面成为儒学祭祀仪式的一部分，但是在宗教仪式活动中曾担任重要角色的巫师的地位，大部分被世俗社会制度的领袖替代了，后者在祭祀中成为主持事务的灵魂人物”①。帝王装扮成巫师在祭礼中手舞足蹈、张牙舞爪，其目的不外乎跻身神界发号施令，以便在现世的统治中使自己拥有不受约束的权力。洞悉其中奥妙的帝王，历来对“祭礼”是钟爱有加的。

概括而言，法治是以制度管活人（但不包括帝王）；礼治是以礼仪等级制度管活人，对于管不住的人（比如帝王）则交由死人（神）去管。这一点从《战国策》的名篇《齐策·冯谖客孟尝君》中就可看出。对于像齐湣王这

① 杨庆堃：《中国社会的信仰》修订版，范丽珠译，成都：四川人民出版社，2016年，第236页。

样的不守祖宗成法和规矩的年轻帝王，连累世老臣孟尝君都不放在眼里，要约束齐湣王靠活着的人已经不行了，只能靠死人。冯谖就是深谙个中奥妙才在“狡兔三窟”中设计了最为巧妙的一窟“请立宗庙”，牢固地控制住齐湣王，让他终生不敢造次。通过上面的论述，我们从表 4-2 中可以看到中国社会从商周嬗递之际到秦朝经历了从“神治”—“人治”—“法治”三个阶段。

表 4-2　中国社会从商周嬗递之际到秦朝的社会性质

序号	社会性质	人神关系	看重	治理方式	典型朝代
1	神治	神司人间	巫术	神旨神谕	商朝
2	人治	（神）天启人事	祭礼	礼乐制度	东周
3	法治	人定胜天（神）	刑法	法律条文	秦朝

在我们重点要论述的“人治”时代，“祭礼”的重要作用不言而喻。这也是为什么如《左传》所言“国之大事，在祀与戎”。祭礼甚至是排在战争之前的国家的头等大事。自天子到庶人皆须祭祀祖宗亡灵。

> 天下有王，分地建国，置都立邑，设庙祧坛墠而祭之，乃为亲疏多少之数。是故王立七庙、一坛、一墠，曰考庙，曰王考庙，曰皇考庙，曰显考庙，曰祖考庙，皆月祭之。远庙为祧，有二祧，享尝乃止。去祧为坛，去坛为墠。坛墠，有祷焉祭之，无祷乃止。去墠曰鬼。诸侯立五庙、一坛、一墠，曰考庙，曰王考庙，曰皇考庙，皆月祭之。显考庙、祖考庙，享尝乃止。去祖为坛，去坛为墠。坛、墠，有祷焉祭之，无祷乃止。去墠为鬼。①

在严格区分祭祀等级的前提下，秩序产生了，礼法制度产生了。《论语·八佾》中孔夫子通过季孙氏一次“八佾舞于庭”的僭越行为，发出了“是可忍孰不可忍”罕见的金刚怒目式的断喝。这与他在另一个场合关于祭器的形状的微小变化“觚不觚，觚哉，觚哉！”的喟叹一样，在一般人看来，孔子多少有点不近人情、小题大做。但圣人真正的忧虑来自见微知著，他看到贵族阶层不守礼仪带来的对全社会既定“秩序”的巨大破坏力。由此可见“礼”在社会中有着极其重要的地位。而一旦这种等级秩序在人人心中形成根深蒂固的思想，“祭礼”的地位也就渐次让渡给了“礼仪”，除了每年礼节性、程序性的完成既定的“祭礼”外，在社会中最重要的人与神的关系

① 王文锦：《礼记译解·祭法》，北京：中华书局，2001 年，第 671 页。

逐渐被人与人的关系所取代。“祭礼”除了保存之前“神治”的痕迹以外，成了真正意义上的形而上的抽象约束。

二、从神教走向诗教

儒家文化的出发点是教育教化。通过圣贤的言传身教影响每个人，使每个人都把提高自身道德修养作为人生最重要的事务。这么做的目的也就是希望全社会的人都能过上“合乎于道德的生活”，有尊严、有体面地活着。孔子的主张自不待言，就是孔门后学对人性主张背道而驰的孟子和荀子，深究起来其实也是强调教化、强调修养，真可谓殊途而同归。这一点梁启超先生早有论述：“人人各有其恶习，恶习既成，则其与性相去几何？故荀子径指为‘性恶’也。性虽善而可以习于不善，如何而始能免乎不善？曰：惟修养。性虽恶而可以习于善，如何而能进于善？曰：惟修养。故孟、荀性虽相反，而其归本于修养一也。《易传》曰：‘天下同归而疏途，一致而百虑。’《中庸》曰：‘万物并育而不相害，道并行而不相悖。’此之谓也。”孟子主张性善也好，荀子高唱性恶也罢，都是在强调教育教化的重要性。荀子在《劝学》中开篇明言：“人之性恶，其善者伪也。”正因为人天性为恶，所以要加强后天善的培养，而通达善的道路只有一条，那就是学习。所以取名为《劝学》。

儒家教化的经典是“六经”之教，他们认为“六经”是教化的最好范本，因为“六经”皆源出于生活。“六经”固然有其无可替代的经典地位，但也正因为千百年来被无数后人捧得太高，由此衍生出的“六经”之失也不应视而不见。关于“六经”的作用和意义前人多有论及，不再赘述，我们看看前人总结的“六经”之失。《礼记·经解》曰：“《诗》之失愚，《书》之失诬，《乐》之失奢，《易》之失贼，《礼》之失烦，《春秋》之失乱。”[①]这种两面性如果仅仅在文本层面的话，流弊倒不是很大，无非是诸子百家的意见之争。如马一浮先生所说：

> 不通六艺，不名为儒。此不待言。墨家统于礼，名法亦统于礼，道家统于《易》。判其得失，分为四句：一得多失多；二得多失少；三得少失多；四得少失少。例如：道家体大，观变最深。故老子得于《易》为多，而流为阴谋，其失亦多，《易》之失，贼也。《庄子·齐物》好为

① 王文锦：《礼记译解·经解》，北京：中华书局，2001年，第727页。

无端崖之辞，以天下不可与庄语。得于《乐》之意为多，而不免流荡。亦是得多失多，《乐》之失，奢也。墨子虽非乐，而《兼爱》、《尚同》，实出于乐。《节用》、《尊天》、《明鬼》出于礼，而短丧又与礼悖。《墨经》难读，又兼名家，亦出于《礼》。如墨子之于礼乐，是得少失多也。法家往往兼道家言。如《管子》、《汉志》本在道家。韩非亦有《解老》、《喻老》。自托于道。其于《礼》与《易》，亦是得少失多。……其得多失少这，独有荀卿。荀本儒家，身通六艺，而言性恶，法后王，是其失也。若诬与乱之失，纵横家兼而有之。然其谈王伯皆游辞，实无所得。故不足判。杂家亦是得少失少。农家与阴阳家，虽出于《礼》与《易》，末流益卑陋无足判。观于五家之得失，可知其学皆统于六艺，而诸子学之名，可不立也。①

按照马一浮先生的论断，儒家之外的百家实则皆源于“六经”之失。但问题的关键是“六经”是教化百姓的经典，如果百姓没能从“六经”中学到立身为人的正道，反而走向“愚、诬、奢、贼、烦、乱”，则与圣人的初衷背道而驰。

庄子对于儒家的讽刺更多的是对“六经”之失的反思。所谓的“愚、诬、奢、贼、烦、乱”尽现于他嬉笑怒骂的笔端。

商大宰荡问仁于庄子。庄子曰：“虎狼，仁也。”曰：“何谓也？”庄子曰：“父子相亲，何为不仁！”曰：“请问至仁。”庄子曰：“至仁无亲。”大宰曰：“荡闻之，无亲则不爱，不爱则不孝。谓至仁不孝，可乎？”庄子曰：“不然，夫至仁尚矣，孝固不足以言之。此非过孝之言也，不及孝之言也。夫南行者至于郢，北面而不见冥山，是何也？则去之远也。故曰：以敬孝易，以爱孝难；以爱孝易，而忘亲难；忘亲易，使亲忘我难；使亲忘我易，兼忘天下难；兼忘天下易，使天下兼忘我难。夫德遗尧、舜而不为也，利泽施于万世，天下莫知也。岂直大息而言仁孝乎哉？夫孝悌仁义，忠信贞廉，此皆自勉以役其德者也，不足多也。故曰：至贵，国爵并焉；至富，国财并焉；至愿，名誉并焉。是以道不渝。”②

在庄子无端崖的如椽巨笔下，孔子甚至自己也对“六经”产生了怀疑，而去问道于老子。

① 刘梦溪：《中国现代学术经典·马一浮卷》，石家庄：河北教育出版社，1996年，第13—14页。
② 马恒君：《庄子正宗》，北京：华夏出版社，2005年，第232—233页。

孔子谓老聃曰："丘治《诗》、《书》、《礼》、《乐》、《易》、《春秋》六经，自以为久矣，孰知其故矣。以奸者七十二君，论先王之道而明周、召之迹，一君无所钩用。甚矣！夫人之难说也，道之难明邪！"老子曰："幸矣，子之不遇治世之君也！夫六经，先王之陈迹也，岂其所以迹哉？今子之所言，犹迹也。夫迹，履之所出，而迹岂履哉？夫白鶂之相视，眸子不运而风化；虫，雄鸣于上风，雌应于下风而风化；类自为雌雄，故风化。性不可易，命不可变，时不可止，道不可壅。苟得于道，无自而不可；失焉者，无自而可。"

孔子不出三月，复见曰："丘得之矣。乌鹊孺，鱼傅沫，细要者化，有弟而兄啼。久矣，夫丘不与化为人！不与化为人，安能化人？"老子曰："可。丘得之矣！"①

那么如何避免类似于"六经"之失这种陈义太高的流弊呢？圣人在教化中引入了一个对愚夫愚妇而言最为有效的方法——神话。

不可否认，对于整个社会而言，具有理性判断精神的知识阶层毕竟只占很少的一部分，绝大多数百姓是停留在趋利避害层面上的愚夫愚妇。对于这些人而言，如果陈义太高往往毫无效果，不如用彼岸的幸福利害感召来的更有效一些，即夫子所谓："君子喻以义，小人喻以利。"对于极少数道德境界高的人要靠大义来感召，对于更多的凡夫俗子则应该用利益来感召他们。对这些"愚昧"的大多数人有的时候知识反而会成为累赘。这一点我们只要读一读"孔子马逸"的故事就可尽知。

《吕氏春秋》卷十四《必已》载：

孔子行道而息，马逸，食人之稼，野人取其马。子贡请往说之，毕辞，野人不听。有鄙人始事孔子者曰请往说之，因谓野人曰："子不耕于东海，吾不耕于西海也，吾马何得不食子之禾？"其野人大说，相谓曰："说亦皆如此其辩也！独如向之人？"解马而与之。

以能言善辩著称的子贡能够凭借三寸之舌存鲁、乱齐、破吴、强晋而霸越，却要不回孔子被扣留的一匹逃逸的马。更具讽刺意味的是这匹马却被一个"鄙人"（一说为夫子养马之人）三言两语要回来了。究其原因并非"鄙人"比子贡高明，而是他说的道理"野人"能听懂而且听着舒服。这个故事的寓意实在是太深刻了，要教化说服对方，绝不是看你说的道理有多么高

① 马恒君：《庄子正宗》，北京：华夏出版社，2005年，第250页。

深、言辞有多么华美，而在于将最简单的道理说到对方的心坎中去，这也就是“圣人以神道设教”的初衷所在。因此，在中国文化中，最高深的道理往往是用最简单的语言表达出来，正如圣人称赞《易经》所说：“乾以易知，坤以简能。易则易知，简则易从。易知则有亲，易从则有功。有亲则可久，有功则可大。可久则贤人之德，可大则贤人之业。易简而天下之理得矣。天下之理得，而成位乎其中矣。”“易知”才能有群众基础，“易从”才能看到功效。如果陈义太高、自说自话，则必然曲高和寡、无人问津。

所以圣人教化最困难的地方，不在于阐明一个深奥的道理给士大夫阶层去指导他们的人生，而在于如何将深奥的为人处事的道理、宇宙运行的法则，以极其简单、精练的语言或寓教于乐、戏谑玩笑的口吻，给社会底层人民讲述出来。也就是用粗浅的故事为载体，传递深刻的人生哲理，即所谓的“大道至简”。愚夫愚妇和士阶层最大的区别，恐怕就在于前者永远关心的“是什么”，而后者不厌其烦的追问“为什么”。既然只需要知道是什么，于原因和逻辑前提在所不顾，那圣人所要做的就是一件事情：告诉他们真相。在真相不方便说的时候毫不犹豫地告诉他们假象。只要这种执假为真的做法对社会的稳定、进步有利，就不必过多地纠缠于是非对错。举凡人类社会古今中西，国家、法律、知识的建设都要面对这样一个问题——让“痴愚”之人认可并笃定地践行它。这个意义而言“痴愚”是作为我们存在的神秘的根基。如马蒂斯·范博克塞尔所说：

> 我们对我们的知识抱有一种盲目的信心，并不是因为知识本身的智或真；知识之所以被认为智且真，是因为它被大多数人所认同。我们遵守规则，并不是因为规则有效；规则之所以有效，是因为所有人都遵守它。我们在红灯亮时停步，并不是因为红色这个颜色有迫使停步的作用。红色的灯之所以能行使其指挥交通的作用，完全仰仗于我们的停步。一条规则之所以有效，不在于其根据，而在于我们大众的行为。决定我们之存在的，并非理性，而是风俗习惯。
>
> 万事开头皆滑稽。起初，我们在戏谑中服从一条愚蠢的规则，只要服从上足够长的一段时间，这条规则就能发挥毋庸置疑的效力。简言之：果先于因。即厄庇墨透斯式（马氏将一切事后获得的，一切无意且无意识中获得的称为厄庇墨透斯式）因果关系。效力并非规则的自然属性，而是我们服从的结果。
>
> 我们服从法律，并非因为法律是公正的，而是因为法律是法律。在

> 这个重言式中，我们看到了法律的不合法根基：唯有得到所有人的服从，法律才合法。法律愚蠢的这一面表面上阻碍了法律的生效，但实际上却为法律之被服从奠定了神秘的根基。法治国家的存在，在于其徒劳无功想要令法律合法化的尝试之中。法律恰恰是因为它总有那么一点令人费解的东西，才让人为之着迷。
>
> 我们相信，并不是因为理由充分。我们相信，是因为它愚蠢，或者更进一步，就如德尔图良说过的那样：因为它愚蠢且不可能办到。痴愚，打破了行为与信念之间的和谐，却是构成我们信仰的必要条件。信仰的发展有悖于一切逻辑。①

了解了这一点，也就很容易解释为什么中国上古的神话人物的神力和神迹往往前矛后盾、漏洞百出。除去不同时代口耳相传的辗转附会，其中还有一个很重要的原因就在于我们前文所强调的，神话一旦被改造成教化的工具，它的根本属性就从摹写先民对自然的崇拜之情，一变而成为对愚夫愚妇强调“是什么”的规矩和准则，无人关心它的真实性和逻辑关系。以大禹为例，除去治水之功之外，他身上后来又被附会了很多神迹，几乎无所不至、无所不能。这一点李宗吾早就发现了：

> 我们权且把圣人中的大禹提出来研究一下。他的腓无胈，胫无毛，忧其黔首，颜色黎黑，宛然是摩顶放踵的兼爱家。韩非说：“禹朝诸侯于会稽，防风氏之君后止而禹斩之。”他又成了执法如山的大法家。孔子说：“禹，吾无间然矣。非饮食而致孝于鬼神，恶衣服而致美乎，黻冕，卑宫室而尽力于沟洫。”俨然是儒家模样又带点栖栖不已的气象。读魏晋后禅让文，他的行径，又与曹丕、刘裕诸人相似。宗儒说他得了危微精一的心传，他又成了一个析义理于分毫芒的理学家。杂书上说他娶涂山氏女，是个狐狸精，仿佛是《聊斋》上的书生公子。说他替涂山氏造傅面的粉，又仿佛是画眉的风流张敞。又说他治水的时候驱遣神怪，又有点像《西游记》上的孙行者，《封神榜》上的姜子牙。……他这个人，光怪陆离，真是莫名其妙。其余的圣人，其神妙也与大禹差不多。我们略加思索，圣人的内幕也就了然了。因为圣人是后人幻想结成的人物，各人的幻想不同，所以圣人的形状有种种不同。②

① （荷）马蒂斯·范博克塞尔：《痴愚百科全书》，王圆圆译，上海：上海文艺出版社，2012年，第27、29页。

② 李宗吾：《厚黑学》，北京：中国画报出版社，2011年，第191页。

显然，大禹的这些神迹和功业的传诵不是一蹴而就的，而是经过后世多方辗转传播、附会而致。单从大禹形象的塑造而言，顾颉刚先生的“层累的造成的古史观”就有一定的道理。

圣人对于高雅文化的“世俗化”的改造发挥大致可分为三个层次：（1）以卦辞说教。（2）以民间歌谣说教。（3）以神话说教（夫子对夔一足也和黄帝四面的理性解读）。之所以从这三方面切入，原因在于卦辞象征神谕，具有先天的神圣性和权威性。加之卦辞为一些简短的、跳跃性很强的词汇或短句构成，无须过多强调句与句之间的逻辑性，只要言之成理，能自圆其说即可。而以《诗经》为代表的民间歌谣，歌唱的就是百姓饮食稼穑、婚丧嫁娶的日常生活，人人皆可“手之、舞之、足之、蹈之”，有极好的民间基础，给它赋予新的意义，会取得意想不到的教化效果。而神话是关于神的故事和传说，是上古先民口耳相传最为关心的一个话题，圣人“以神道设教”，施教化于神话之中，实在是最高明的“障眼法”。类似的情况在同时代的希腊也出现过。让—皮埃尔·韦尔南说道：

> 那么，在公元前6世纪前后近东的希腊城邦中，到底发生了什么呢？还有，从中将产生一种新的思想方式的大文明环境是什么样的呢？只是一种口头的文明，诗歌作为一种有节奏、能伴舞的歌唱，占据了智力舞台的前台。我们在那里发现史诗，抒情诗，还有一种既有史诗形式、又有智慧书形式的诗，如同赫西奥德的诗。那时，诗人都是一些唱歌者，一切通过口头流传。散文的出现是第一个重大改变。这就是说，开始有了用散文写的作品。假如人们不重视这一事实，即诗歌表达是一种与散文表达不同的表达，那么，人们就不可能对思想方式上和理性创立上的一些变化作出恰当分析。这是第一个重点。第二点，也同样重要，是与这一散文的特点相联系的：这就是从口头歌唱到文字作品的转化。这是一个根本性的转变，因为文字书写不仅开创了话语的、话语逻辑的一种新方式，而且还开创了作者与公众交流的一种新方式。这是一种更为远距离、更为关键的形式。让我们想一想柏拉图在公元前4世纪初时将遭受的所有攻击，都是针对建立在口头诗歌基础上的旧培养制度的。假如他丢弃它，而代之以一种对立的哲学对话，那是因为这一口头体系建立在某一种同情活动的基础上，它使听众像中魔一样被诗行流露出的激情所打动。而文字作品，它是一部可以回头来读的作品，它在某种程度上会激起一种批评性的思索。最后，还有第三方面，它同前两个

方面也是相联系的。在这一时代，人们从一种讲述的形式，转向一种作品的形式，人们想以此形式解释事物的秩序，表达世界所体现的表象。比如说，日夜交叉，季节更替等事实，甚至还有一些很有意思的大气现象，例如雷电。最后，世界上还有某种循环运动，使万物循环往复，周而复始，而人则成为过客，走向死亡。过去，人们以故事的形式来解释它，而在故事中，作为神的人物以十分戏剧化的方式行事。①

神话、唱诗等口头文学由于建立在共情的交流基础上，较之于冷峻的书面文本更容易打动人，也拥有更大的解释回旋的空间。

在教化的内容上和对神话改造的原则上，帝王们多会以政治为最终指向，而不去过多的渲染人性的东西。如牟宗三先生所说："然在这里说教化，亦有其内容表现上的最高原则以限制之，此即是'先富后教'，而教亦是顺人性、人情中所固有之达道而完成之，而不是以'远乎人'、'外在于人'之概念设计，私意立理，硬压在人民身上而教之。此为'理性之内容表现'上所牵连的政治上的教化意义之大防，所以亦是一个最高原则，不能违背此原则而言教。"②神话教化既要有指向，又要顺人性。中国神话的说理性就是在这个意义上展开的。这也就是为什么中国上古神话故事性不强、说理性很强的根本原因。

随着时代的发展，历史进入周朝社会以后，在整个社会理性精神增加的背景之下，孔子等人开始以诗歌的教化取代神话的教化。因为"诗言志。"《毛诗序》说："在心为志，发言为诗。"而学诗的目的，也是教化众生过上"理性、节制、快乐、体面"的生活。即所谓"诗之教，温柔敦厚。"诗歌的教化功能从文学性、艺术性、功能性等多方面明显强于神话，所以孔子删诗以后，诗歌的教化逐渐取代了神话教化。

三、从神道走向德化

哲学家一般将神话视为初民幻想的产物，因为哲学家认为神话是初民想象的结果，当然与理性思维背道而驰。可实际上，神话的理性精神不是表现在那些光怪陆离、脱离经验世界的现象描写上，而是体现在生发此种想象的文明土壤中。古圣先王通过神话传说，把超验世界的鬼神之说与经验世界

① (法)让-皮埃尔·韦尔南：《神话与政治之间》，余中先译，北京：生活·读书·新知三联书店，2001年，第239—240页。
② 牟宗三：《政道与治道》，桂林：广西师范大学出版社，2006年，第106—107页。

的百姓教化联系起来。以祭祀祖先神的祭礼为例，杨庆堃先生有一段精彩的论述：

> 如果祖先崇拜的唯一目标是培养道德情感，尤其是孝顺，人们可能会质疑为什么儒家学者会选择一种古代宗教祭祀仪式来表达这一目的，而没有选择其他非宗教的手段。尽管儒学的理念非常理性化，但儒家学者还是认识到在祖先崇拜中，存在一种强有力的情感之源，足以强化血缘价值观和家庭的关系纽带。通过重新解释宗教仪式并用以取代人们对超自然神秘力量的信仰，他们希望维持古代祭祀仪式，并把它转化为教化的、无神论的仪式，从而使社会组织基本单位的血亲体系更加稳定并永远存续下去。①

在周朝社会，随着整个社会理性精神的增强，在教化层面由神治一步步走向人治。神话中神的形象会越来越多的彰显出人的品质和力量，神话故事的现实性、说理性的特点也会逐渐超越故事性和趣味性。对于百姓的教化意义也逐渐从神灵的感召过渡到道德的教化。儒家正是看到了这一点，才用其现实性、理性的教化手段，完成了对以神话为代表的上古文明“祛魅”的过程。“无可置疑，儒家学说具有现世性乃至其理性主义的特点。但作为一种经验知识的实体，儒学的理性尚不够彻底到将世界完全‘去魅’并改造成一套可预测的因果机制。相反，从一系列重要方面来看，儒学依然把世界视作一个与天命相关的实体，一个‘充满意义，并以伦理为导向的宇宙。’”②

> 虽然他们在人类的很多问题上采取了世俗的、理性的态度，却从来不曾抛弃将天视为人类命运之主宰，认为其具有超自然的、人格化特征的看法。他们二人（孔子、孟子）对自己所秉之天赋充满信心，也都怀有救世拯民的雄心壮志，但终生都未能将其理论付诸实践。那么，既然他们都已是圣人，又都竭尽全力地争取，为什么最终还是失败？他们学说中的理性、世俗的部分无法给出答案。那么就只能归于，超越于人类的、至高无上的决定因素：由天所注定的命。正如俗语所说：“人穷则呼天。”即便是这两位圣人也不能免俗，到了人生尽头成功还是遥遥无期。孔子终其一生长期郁郁不得志，晚年转而研究充满玄妙的《易经》，这恐怕也并非事出偶然。③

① 杨庆堃：《中国社会的信仰》修订版，范丽珠译，成都：四川人民出版社，2016年，第40页。
② 杨庆堃：《中国社会的信仰》修订版，范丽珠译，成都：四川人民出版社，2016年，第191—192页。
③ 杨庆堃：《中国社会的信仰》修订版，范丽珠译，成都：四川人民出版社，2016年，第195页。

细考上古神话，始终没有绕开经天纬地、稼穑耕种、衣食住行的日常生活范畴，不存在脱离现实生活的凭空想象和猜测，这是神话理性精神的第一个层面。第二个层面来自神话的故事模式。在那些千篇一律、大同小异的故事模式中，所传递的恰恰是对现实生活的关注和认可，这是中国进入农业民族理性精神复归的直接体现。而讲述故事的范式，又像电脑程序一样，有意无意地把听众或读者从故事渲染的超验世界中，一步一步拽回到现实的理性关怀中去。在这里实际起到的是一种隐性的教化功用。正如孔子对《诗经》教化功用的评述那样："小子何莫学夫诗？诗，可以兴、可以群、可以观、可以怨；迩之事父，远之事君；多识于草木鸟兽之名"。通过手之、舞之、足之、蹈之的乐舞形式渗透进去了兴、观、群、怨的美育教育，这种教化方式就是著名的"诗教"了，目的是把人培养成"温柔敦厚"、"发乎情，止乎礼义"、敬业乐群的仁爱之人。相较于板着脸孔的说教，这种"润物细无声"的教化方式要高明许多。神话故事的这种范式的讲述方式，我们可以称之为"范式的理性"。那些看似荒诞不经的神话故事，恰恰体现了一种"范式的理性"精神。这种精神培养了先民一种等同于《尚书》一样"疏通致远"的精神风貌。也就是说，通过驰骋想象营造的虚无缥缈的超验世界，来开阔人的思维、提升人的眼界心胸、拓宽人的精神世界，以便更好地应对现实生活中的祸福得失、善恶顺逆。这其中如果再加入一些英雄人物的个人奋斗的非凡经历，将更具启发、借鉴意义。这些也就构成了后来英雄崇拜的土壤。

> 比如史瑞克（John Shryock）就曾写道："或许没有一个国家对以英雄的崇拜能像在中国这样得到充分地发展。……一些英雄被当做神灵崇拜，也有很多则没有神位，完全因为他们生前所建树的功绩而受到祭祀。……这种形式受到官方的鼓励，因为它为公众树立了足资效仿的好榜样，并通过纪念建立功勋者来鼓励民众践履美德。毫无疑问，民众对于神化的人同样会产生特殊情感，期待英雄在另一个世界以更大的神力保佑自己。"①

神话叙述完成了对维护秩序的根深蒂固的灌输。让—皮埃尔·韦尔南也说：

> 神话则完全是另一种东西：一些故事——从我们最古老的资料起，

① 杨庆堃：《中国社会的信仰》修订版，范丽珠译，成都：四川人民出版社，2016年，第126页。

它们就是照这个样子被接受、理解、感觉的。由此，我们可以说一开始就带有一种“虚构”的维度，神话一词的语义学进化便证明了这一点，它完全不同于属于现实范畴中的东西：寓言。这一叙述侧面（相当自由的叙述，以至于即便是关于同一个神，或者关于他的功绩的同一个故事，会有许多版本同时共存，无碍大体地互相矛盾）使希腊神话不仅接近于我们所谓的宗教，而且更接近于今天对我们而言的文学。……古代的神学从根本上说，也是一种诗歌，关于众神的话语，是一种神话叙述。正是在故事——讲述众神传奇性的经历，按次序展示戏剧性事件，从他们的诞生起，一直铺展完他们的生涯——的形式下，上界的各个强大的神在他们的相互关系中得到了注意、表达、思考，同时得到注意、表达、思考的，还有授予他们的行为区域、他们各自特有的不同能力、他们的对立和协作、他们对大地特殊的干涉方式，以及他们与人类特殊的亲密方式。①

神话就是在上述意义上和政治发生了密切的关系，但是彻底取消“神治”代之以“人治”的流弊也是显而易见的。一个直接的恶果是个人英雄主义的政治神话、独裁者将会应运而生。牟宗三先生说：“不管是国家的神话还是阶级的神话，我们不能徒以神话而嘲笑之、轻忽之，这里面总有事实上的真实性，虽然不一定是真理上的真实性。神话是那立体力量——神话性的概念、党、领袖之点缀，如我前文所说，政治神话是政治方面的立体力量之神性化，是其神性化之抽象的姿态。”②

英雄主义的政治神话，在其行动之际，中国式的，则靠着一些祯祥符瑞之类来神异其生命，或假托一种民间的宗教，以作吸引民众的工具。然一个真正的英雄，还是靠其强烈的生命与恢弘的气度，无可侥幸者，祯祥符瑞之类的神话与民间宗教之类的神话只是一种点缀与壮声势，其本体还是“生命”。至于及其成功，则那些神话即转而为一个抽象的神话，那就是“天命所归”。“天命所归”一直可以用来维持其政权达几百年。西方则靠着宗教与僧侣来维持其政权的传统。较原始一点的社会，则靠着巫师与魔术。这些都是超越于现实的物质、理性与技术之上的神秘力量。虽在平时只是维持传统，然其所以产生与人之易于透视

① （法）让—皮埃尔·韦尔南：《神话与政治之间》，余中先译，北京：生活·读书·新知三联书店，2001年，第262—263页。
② 牟宗三：《政道与治道》，桂林：广西师范大学出版社，2006年，第75页。

至此，实完全基于强烈的生命之立体力量。这是环绕“生命”而产生的……主要还是落在人能上：人之才智与德行。天命所归，在中国，虽可以作神话观，然亦不完全是神话，这里亦可透视出一个庄严的超越的道德感与道德实体。”①

纵观世界各国历史，天命所归的个人英雄主义的政治神话的破坏力不言而喻。

整个社会自上而下在理性精神的贯注下，神话可以有它的文学、艺术的解读，也可以有它政治、教化的解读，由此也逐渐开辟了中国文化“人文主义”的先河。而西方神话在苏格拉底引入“人文主义”精神之前，始终高扬的是“人本主义”的大旗。在神话故事的人文主义精神上，中国文化早于西方很多年。这一点也可以看作是马克思称中国文化“早熟”的又一例证。

在社会治理层面，如果神治完全退出，交由政治和法律条文完成所有的统治和教化，还会导致整个社会丧失活力。《礼记·王制》载：“作淫声、异服、奇技、奇器以疑众，杀！”音乐、服饰、技能技术、工具器物不能过分新奇，一旦过分求巧求新，偏离中道就会见弃。圣人和帝王就是要通过对平常日用、饮食起居的物品形貌进行限制，以避免逗引人的感官欲望，进而刺激人的各类欲望。为了不破坏百姓的“平常心”，甚至可以以牺牲社会发展作为代价。可见这些先哲真可谓是用心良苦，要让百姓时时刻刻在不知不觉中处于“中道”的教化之中，对于自己的欲望真可以说是“时时勤拂拭，勿使惹尘埃”。消解了神治的惊怖震慑的强大力量，只能代之以甚至有些粗暴、残忍、苛刻和不近人情的简单的法律条文。但这种喊打喊杀的权力威慑，恐怕是圣人最不愿看到但又不得不面对的现实。从神话走向政治，一方面是理性精神成熟的最终体现；另一方面是神话教化最冷酷、最悲惨的谢幕转身。生动活泼的启迪暗示最终变成了杀伐果决的权力威慑，从这个意义而言，政治才是神话（至少被封建帝王改造利用的神话）的现实完成。神话留下的巨大空白将渐次由诗歌、艺术来取代。至此，神话完成了自己的历史使命，永远定格在了上古时期的时代坐标上。

① 牟宗三：《政道与治道》，桂林：广西师范大学出版社，2006年，第70页。

结语

在理性精神的浇灌之下，道德教化取代了神话教化，人治取代了神治。整个社会的文化重心由以祭祀为主的神本主义转变为“人文文化”的建立，这正是商周嬗变时期中华文明的核心所在。我们知道孔子最强调的是礼、乐教化。礼约人心，乐导人情。其实，孔子真正最推崇的教育教化方式既不是板着脸孔的唠叨说教，也不是礼仪制度的规范约束，而是温柔敦厚的“诗教”和广博易良的“乐教”。之所以强调“礼”，是不得已退而求其次的选择，主要是为了针对底层的愚夫愚妇。孔子知道，一个社会绝大多数人处在这个层面，即所谓的“下愚”。但一个社会一定还有极少数的“上智”。对于自己的学生和士大夫阶层，孔子始终强调的是“诗教”和“乐教”。整个一部《论语》我们很少看到孔子金刚怒目的断喝，更多的是感受到那种“春风化雨”“风乎舞雩，咏而归”“温良恭俭让”的如闻韶乐、诗情画意的循循善诱。从孔子跟弟子子路、冉有、公西华等人的对话中，我们就可读到孔子人生的最高理想，他一一否认了治军、富国、守礼之道，而独独钟情于“暮春者，春服既成，冠者五六人，童子六七人，浴乎沂，风乎舞雩，咏而归”的人生境界，我们可以大胆推测那些冠者当为知己，那些童子当为学生。总之，都是淡泊名利的上智之人，都是志同道合的闻道之士。孔子最希望的是能通过自己的教育引导、言传身教，影响这一批身边的人过上超越功利的、诗情画意的“审美”境界的生活。

中西文化在最高境界的追求这一点上是殊途而同归的。神话是文学，神话也是诗歌。虽然随着时代的发展，它不可避免地和历史、宗教、政治发生了关系，但它最理想的解读一定是导入“审美”境界中去的。正如卡莱尔在《英雄与英雄崇拜》中所说：“文学，只要它是‘文学’，就是‘自然启示录’，启示‘自然’的‘公开的秘密’。”①

> 但 vates，或叫先知或叫诗人，已洞察这秘密，他是被派遣到这儿来以使我们庄严地理解这秘密的人。……我们可以说，这个 vates“先知”已经抓住那个神圣秘密的道德的一面，例如“善”与“恶”，“责任”与“禁律”……先知也注意我们要爱的东西，否则他怎能知道我们要做的是什么？所有语言，甚至最普通的语言，里面都有歌：世界上没有一个教区没有它的特别音调……一切深奥的东西都是“歌”。“歌”好像是我们的中心的实质；好像别的均只不过是外衣和外壳！……希腊人想象“天体的乐声”，这是他们对“自然”的内部结构的感觉：自然地声音和流露出的活的灵魂是美的音乐。因此我们要称“诗”为音乐的思想。②

在这个意义上，神话也可以看作初民心中流淌出的诗歌，而它的作用也不仅仅是彰显神的伟大，更可以被当作“诗教”的素材。正如南环瑾先生在《禅宗与道家》中所说：

> 孔子晚年删诗书、定礼乐，裁成缀集中国传统文化学术思想的体系，他为什么每每论诗，随时随地举出诗来，作为论断的证明？秦汉以后的儒家，为何一变再变……因为中华民族传统文化的精神，自古而今，完全以人文文化为中心，虽也有宗教思想的成分，但并非如西洋上古原始的文化一样，是完全渊源于神的宗教思想而来。人文文化的基础，当然离不开人的思想感情，身心内外的作用，宗教可以安顿人的思想与情感，使它寄托在永久的遥途，与不可思议的境界里去，得到一个自我安心的功效。纯粹以人文文化为本位，对于宗教思想的信仰，有时也只属于情感的作用而已。所以要安排人的喜、怒、哀、乐的情绪，必须要有一种超越现实，而介乎情感之间的文学艺术的意境，才能使人们情感与思想，升华到类同宗教的意境，可以超脱现实环境，情绪和思想另有寄托，养成独立而不倚，可以安排自我的天地。③至于鲁国，人尽皆知是周公的学术思想，是秉承他父亲文王的庭训，集成夏、商以来的人文思想，因循改革而形成周代“郁郁乎文哉”的文明。……孔子生长在鲁国，由衷钦佩周公，全盘接受周公的人文文化思想和鲁国的文学造诣，但是它是般人的后裔，他在潜意识中，又承受有般人崇拜天道的成

① （英）卡莱尔：《英雄与英雄崇拜》，何欣译，沈阳：辽宁教育出版社，1998 年，第 185 页。
② （英）卡莱尔：《英雄与英雄崇拜》，何欣译，沈阳：辽宁教育出版社，1998 年，第 88—91 页。
③ 南怀瑾：《禅宗与道家》，上海：复旦大学出版社，2005 年，第 106—107 页。

分。可是，他到底是恢弘博大的智者，他的见识，见解与兴趣。都是综罗多方面的，所以他也崇拜虞、夏的文化思想，因此他有《礼运》篇等所记的感言，提到三代以下文化的变迁迹象，和《论语》上的对话，涉及齐鲁之间的文化关系，而有“齐一变，至于鲁，鲁一变，至于道”的几句话[①]。

而文学最初的形式“诗歌”就是这种“人文文化”流布传播的最好载体，因此孔子特别强调“诗教”和“乐教”。受其影响所致，中华文化千年以来都极其推崇“诗教”和“乐教”。

关于“诗教”的功能，朱熹的解释最为精当，他在《诗集传序》中说：

> 曰：“然则其（按：指诗）所以教者何也？”曰：“诗者，人心之感物而形于言之余也。心之所感有邪正，故言之所形有是非。惟圣人在上，则其所感者无不正，而其言皆足以为教。其或感之之杂，而所发不能无可择者，则上之人必思所以自反，而因有以劝惩之，是亦所以教也。昔周盛时，上自郊庙朝廷，而下达于乡党闾巷，其言粹然无不出于正者，圣人固已协之声律，而用之乡人，用之邦国，以化天下。至于列国之诗，则天子巡狩，亦必陈而观之，以行黜陟之典。降自昭穆而后，浸以陵夷，至于东迁，而遂废不讲矣。孔子生于其时，既不得位，无以行帝王劝惩黜陟之政，于是特举其籍而讨论之，去其重复，正其纷乱，而其善之不足以为法，恶之不足以为戒者，则亦刊而去之，以从简约，示久远，使夫学者即是而有以考其得失，善者师之，而恶者改焉。是以其政虽不足行于一时，而其教实被于万世，是则诗之所以为教者然也。”[②]

行政指令只作用于一时，而“诗教”却可教人于千秋万世，即“诗之教，温柔敦厚。”儒家教育的目的就是把人培养成兴观群怨、温柔敦厚的大人君子。

谈到对人的塑造养成的作用，诗教如此，乐教也不例外。关于乐教的功能，庄子曾假托孔子与老子的对话，有一段极其精彩的阐述：

> 吾又奏之以无怠之声，调之以自然之命，故若混逐丛生，林乐而无形；布挥而不曳，幽昏而无声；动于无方，居于窈冥；或谓之死，或谓之生；或谓之实，或谓之荣；行流散徙，不主常声。世疑之，稽于圣

① 南怀瑾：《禅宗与道家》，上海：复旦大学出版社，2005年，第177—178页。

②（宋）朱熹：《晦庵先生朱文公文集·诗集传序》，上海、合肥：上海古籍出版社、安徽教育出版社，2002年，第350—351页。

人。圣也者，达于情而遂于命者也。天机不张而五官皆备，此之谓天乐，无言而心说。故有焱氏为之颂曰："听之不闻其声，视之不见其形，充满天地，苞裹六极。"汝欲听之而无接焉，故惑也。

乐也者，始于惧，惧故祟；吾又次之以怠，怠故遁；卒之于惑，惑故愚；愚故道，道可载而与之俱也。（译文：我又奏出紧张的旋律，用自然的韵律来调和。所以如同万物驰逐混杂丛生，各种乐章合一不辨行迹；高昂挥杨时不呆滞，深沉幽昏时无声息。不知在什么地方流动，又止于隐约幽冥之中。有时像死，有时像生；有时像果实，有时像花朵；散布流行，变换迭出不死守一个曲调。世人听得疑惑，到圣人那里去验证。所谓圣人，就是通达万物性情，顺应自然发展规律的人。天然机制不动而五官俱全，不用话说出而内心释然，这就叫作天乐。所以神农氏作颂歌说："听而不闻其声，视而不见其行，充满天地，包裹六合。"你弄通明白而又无法捉摸，你因此感到迷惑不解。音乐从惊惧开始，惊惧所以就心神不安了。我又接之以心情松弛，心情松弛所以就懒散而退了。最后再接之以迷惑不解，迷惑不解所以就愚钝无知了。愚钝无知所以才能融入大道，这样大道就可以附身与你融为一体了。①

与"诗教"春风化雨的潜移默化不同，"乐教"用美妙的旋律来调动人的感官，导人于大道之中。

子曰："兴于诗，立于礼，成于乐。"诗歌用来感发人的意志，培养人的生命热情、温度，属于自然情感范畴；礼是道德概念，属于社会情感范畴；只有乐是超越了自然和社会情感的审美的范畴。人生就是要用以诗歌来感发情志，促成个体求仁向善的自觉；以礼仪规范来约束自我，与社会他人和谐相处，实现人的自立。最后在音乐的熏陶中，过上诗情画意的"审美"生活，实现自我最高人格的养成。同样深刻的论述来自《论语·述而》中，孔子说："志于道，据于德，依于仁，游于艺"。其中的道、德、仁都属于社会情感的道德概念范畴，艺是艺术、音乐、是审美属于审美范畴。人生不能缺失道德的引领约束，否则与禽兽无异，不能称其为人，如孟子所言："人之所以与禽兽者几希"。但同时要看到，道德不是人生的全部组成，人生还要有艺术，还要有音乐，最理想的落脚点一定要在审美境界之中。孔夫子也知道这种审美境界普通人是很难达到的。但是，哪怕难以企及，哪怕企及的人

① 白话文译文参考马恒君：《庄子正宗》，北京：华夏出版社，2005 年，第 237 页。

万不及一，也要高悬壶的以为感召。一味地强调道德谁都做不到，做不到还要强装，则必然出现虚伪，道德的虚伪就是伪道学。“黄金无假，道学无真”。后人对儒家最大的诟病就在于此，儒学固然很好，但门槛也太低，什么人都可以进来，进来以后都可以摇身一变以有德之士自居。还要时时提防，要么自己被伪君子所骗，要么自己一不小心变成了伪君子。个中真假，良莠难辨。殊不知，其实孔子自己最痛恨的就是这种拿着道德的大棒横扫千军的伪君子，所以才他会感叹：“乡愿，德之贼也！”因此，光有道德训诫的人生是有缺憾的，缺失的东西需要用文学艺术来弥补，以增其色彩、添其光华。所以孔子认为，最完美的人生与文学艺术一样，最高境界应该是在艺术的审美意境之中。此时不是泯灭了是非判断而是超越了是非善恶，不是解决了人生的问题，而是消解了、取消了问题。东西方哲学的最大区别即在于此。在“游于艺”中，一个“游”字把那种自得其乐、游刃有余、超脱豁达表露无遗。而孔子的七十自述“从心所欲，不逾矩。”就是对这种“成于乐”和“游于艺”的最好注脚。

我们必须看到，圣人无论是以“神道设教”，还是强调“诗教”“礼教”“乐教”，从现实事功角度而言确实有为政治服务的考量，但这绝不是唯一的终极目的。让每个个体都能得到充分的尊重，都能有足够自我的空间，都能实现自己的人生价值，都能过上“艺术的”“审美的”生活，才是圣人毕生追求的最高理想。让我们再次重温 2500 年前圣人期盼出现的那一幕吧！“暮春者，春服既成，冠者五六人，童子六七人，浴乎沂，风乎舞雩，咏而归。”后世有人把这一场景翻译成了现代新诗：

二月过，三月三，
穿上新缝的大布衫。
大的大，小的小，
一同到南河洗个澡。
洗罢澡，乘完凉，
回来唱个山坡羊。

这是何等的逍遥自在，何等的清新畅快。这里有泥土的芬芳，小河的流淌，朋友的欢笑，愉快的歌唱，还有质朴的愿望。这才是真正地诗情画意的生活。人生能拥有这些，也就够了。

参考文献

（一）国内学者专著

鲍鹏山：《先秦诸子八大家》，上海：上海科技文献出版社，2012 年。

北京大学中文系文艺理论教研室：《马克思恩格斯列宁斯大林论文艺》，北京：人民文学出版社，1980 年。

陈建勤：《文艺民俗学导论》，上海：上海文艺出版社，1991 年。

陈建先：《神祇与英雄》，北京：生活·读书·新知三联书店，1994 年。

陈来：《古代宗教与伦理——儒家思想的根源》，北京：生活·读书·新知三联书店，1996 年。

陈戍国：《中国礼制史·先秦卷》，长沙：湖南教育出版社，2002 年。

邓乔彬：《古代文艺的文化关照》，上海：上海教育出版社，2003 年。

费孝通：《乡土中国》，北京：人民出版社，2015 年。

复旦文史研究院：《“民间”何在，谁之“信仰”》，北京：中华书局，2009 年。

郭郁烈：《审美与确证》，北京：民族出版社，2000 年。

何新：《大政宪典·〈尚书〉新考》，北京：中国民主法制出版社，2008 年。

何新：《诸神的起源》，合肥：时事出版社，2002 年。

侯外庐：《周代社会诸制度考·侯外庐史学论文集》上卷，北京：人民出版社，1987 年。

黄懿陆：《〈山海经〉考古：夏朝起源与先越文化研究》，北京：民族出版社，2007 年。

江灏、钱宗武：《今古尚书全译》，贵阳：贵州人民出版社，1992 年。

李学勤：《古代的礼制和宗法·中国古代文化史讲座》，北京：中央广播电视大学出版社，1991 年。

李泽厚：《美学论集》，上海：上海文艺出版社，1980 年。

李仲立：《先秦历史文化探微》，兰州：甘肃人民出版社，2006 年。

李宗吾：《厚黑学》，北京：中国画报出版社，2011 年。

梁漱溟：《东西文化及其哲学》，北京：商务印书馆，1999 年。

刘梦溪：《中国现代学术经典·方东美卷》，石家庄：河北教育出版社，1996 年。
刘梦溪：《中国现代学术经典·唐君毅卷》，石家庄：河北教育出版社，1996 年。
刘叔成、夏之放、楼昔勇：《美学基本原理》，上海：上海人民出版社，1987 年。
刘叔成：《文艺学概论》，北京：中央广播电视大学出版社，1985 年。
鲁刚：《文化神话学》，北京：社会科学文献出版社，2009 年。
栾贻信、盖光：《文艺美学》，北京：华龄出版社，1990 年。
吕微：《神话何为——神圣叙事的传承与阐释》，北京：社会科学文献出版社，2001 年。
马新国：《西方文论史》，北京：高等教育出版社，2002 年。
茅盾：《中国神话研究初探》，上海：上海古籍出版社，2011 年。
牟宗三：《政道与治道》，桂林：广西师范大学出版社，2006 年。
缪朗山：《西方文艺理论史纲》，北京：中国人民大学出版社，1985 年。
南怀瑾：《禅宗与道家》，上海：复旦大学出版社，2005 年。
蒲慕州：《追寻一己之福——中国古代的信仰世界》，上海：上海古籍出版社，2007 年。
钱穆：《古史地理论丛》，北京：生活·读书·新知三联书店，2005 年。
秋风：《儒家现代秩序》，桂林：广西师范大学出版社，2013 年。
汝信：《西方美学史》，北京：中国社会科学出版社，2005 年。
十四院校《文学理论基础》编写组：《文学理论基础》，上海：上海文艺出版社，1985 年。
舒伟：《希腊罗马神话的文化鉴赏》，北京：光明日报出版社，2010 年。
舒伟：《希腊罗马神话的文化鉴赏》，北京：光明日报出版社，2010 年。
陶立璠：《民俗学概论》，北京：中央民族学院出版社，1987 年。
田兆元：《神话学与美学论集》，上海：上海文艺出版社，2007 年。
王德保：《神话的由来》，北京：中国人民大学出版社，2004 年。
王倩：《20 世纪希腊神话研究史略》，西安：陕西师大出版总社有限公司，2011 年。
王宪昭：《中国各民族人类起源神话母题概览》，北京：民族出版社，2009 年。
闻一多：《神话与诗》，上海：上海人民出版社，2006 年。
吴琼：《西方美学史》，上海：上海人民出版社，2000 年。
伍蠡甫：《欧洲文论简史》，北京：人民出版社，1991 年。
伍蠡甫：《西方文论选》上卷，上海：上海译文出版社，1979 年。
伍蠡甫：《西方文论选》下卷，上海：上海译文出版社，1979 年。
武文：《中国民间文学古典文献辑论》，北京：民族出版社，2006 年。
闫德亮：《中国古代神话的文化关照》，北京：人民出版社，2008 年。
杨利慧：《现代口承神话的民族志研究——以四个汉族社区为个案》，西安：陕西师大出版总社有限公司，2011 年。
杨向奎：《中国古代社会与古代思想研究》上卷，上海：上海人民出版社，1962 年。
叶朗：《中国美学史大纲》，上海：上海人民出版社，1985 年。

叶舒宪：《高唐神女与维纳斯》，西安：陕西人民出版社，2005 年。
叶舒宪：《结构主义神话学》，西安：陕西师大出版总社有限公司，2011 年。
叶舒宪：《英雄与太阳》，西安：陕西人民出版社，2005 年。
叶舒宪：《中国神话哲学》，西安：陕西人民出版社，2005 年。
以群：《文学的基本原理》，上海：上海文艺出版社，1984 年。
袁珂：《中国神话传说》，北京：北京联合出版公司，2012 年。
张文安：《中国与两河流域神话比较研究》，北京：中国社会科学出版社，2009 年。
郑振铎：《中国俗文学史》，上海：上海书店，1984 年。
钟敬文：《民间文学概论》，上海：上海文艺出版社，1980 年。
重构：《解读远古密码》，北京：中国国际广播出版社，2009 年。
朱光潜：《西方美学史》，北京：人民文学出版社，1979 年。

（二）国外学者专著

（英）爱德华·泰勒：《原始文化：神话、哲学、宗教、语言、艺术和习俗发展之研究》，连树声译，桂林：广西师范大学出版社，2005 年。
（美）波默罗伊等：《古希腊政治、社会和文化史》，周平等译，上海：上海三联书店，2010 年。
（美）戴维·李明：《神话修辞术批评与真实》，杨立新、冷杉译，北京：生活·读书·新知三联书店，2010 年。
（德）恩斯特·卡西尔：《语言与神话》，于晓等译，北京：生活·读书·新知三联书店，1988 年。
（法）费尔南·布罗代尔：《文明史纲》，肖昶等译，桂林：广西师范大学出版社，2003 年。
（美）弗兰克·萨克雷：《世界大历史》，王林译，北京：新世界出版社，2014 年。
（英）卡莱尔：《英雄与英雄崇拜》，何欣译，沈阳：辽宁教育出版社，1998 年。
（英）凯伦·阿姆斯特朗：《神的历史》，蔡昌雄译，海口：海南出版社，2013 年。
（英）凯伦·阿姆斯特朗：《神话简史》，胡亚豳译，重庆：重庆出版社，2005 年。
（英）凯伦·阿姆斯特朗：《轴心时代》，孙艳燕、白彦兵译，海口：海南出版社，2014 年。
（法）勒内·格鲁塞：《草原帝国》，何滟译，重庆：重庆出版社，2014 年。
（美）理查德·鲍曼：《作为表演的口头艺术》，杨利慧、安德明译，桂林：广西师范大学出版社，2008 年。
（法）克洛德·列维—斯特劳斯：《神话与意义》，杨德睿译，开封：河南大学出版社，1987 年。
（法）罗兰·巴特：《神话修辞术批评与真实》，屠友详、温晋仪译，上海：上海人民出版社，2009 年。

（法）吕克·费希：《神话的智慧》，曹明译，上海：华东师范大学出版社，2017年。
（英）马林诺夫斯基：《巫术 科学 宗教与神话》，李安宅译，北京：中国民间文艺出版社，1986年。
（英）麦克思·缪勒：《比较神话学》，金泽译，上海：上海文艺出版社，1989年。
（美）梅维恒：《哥伦毕业中国文学史》，马小悟、张治、刘文楠译，北京：新星出版社，2016年。
（法）让—皮埃尔·韦尔南：《神话与政治之间》，余中先译，北京：生活·读书·新知三联书店，2005年。
（英）塞缪尔·E.芬纳：《统治史》，王震等译，上海：华东师范大学出版社，2014年。
（德）斯威布：《希腊的神话和传说》上册，楚图南译，北京：人民文学出版社，1978年。
（德）斯威布：《希腊的神话和传说》下册，楚图南译，北京：人民文学出版社，1978年。
（英）孙宜康、宇文所安：《剑桥中国文学史》，刘倩等译，北京：生活·读书·新知三联书店，2013年。
（法）托多罗夫：《巴赫金对话理论及其他》，蒋子华、张萍译，天津：百花文艺出版社，2001年。
（美）威廉·麦克尼尔：《西方的兴起：人类共同体史》，孙岳等译，北京：中信出版社，2015年。
杨庆堃：《中国社会的宗教》修订版，范丽珠译，成都：四川人民出版社，2016年。
（美）约翰·迈尔斯·弗里：《口头诗学：帕里——洛德理论》，朝戈金译，北京：社会科学文献出版社，2000年。
（英）詹·乔·弗雷泽：《金枝》上册，徐育新、汪培基、张泽石译，北京：中国民间文艺出版社，1987年。
（英）詹·乔·弗雷泽：《金枝》下册，徐育新、汪培基、张泽石译，北京：中国民间文艺出版社，1987年。
（美）詹姆斯·皮科尔：《人类学透镜》，汪立华译，北京：北京大学出版社，2009年。
（英）詹姆斯·乔治·弗雷泽：《〈旧约〉中的民间传说——宗教、神话和律法的比较研究》，叶舒宪、户晓辉译，西安：陕西师范大学出版总社有限公司，2012年。

（三）论文

边家珍：《略论经学传统对中国古代科学的影响》，《理论学刊》2011年第1期。
卞玉山：《鲧、禹治水人文地理坐标系统研究》，王志民：《齐鲁文化研究》总第九辑，济南：泰山出版社，2010年。
常小美：《大禹治水神话的文化解析》，《消费导刊》2009年第2期。
陈蒲清：《〈尚书·洪范〉作于周朝初年考》，《现代大学教育》2003年第1期。

陈蒲清：《箕子与箕子的文化地位》，《长沙大学学报》2004 年第 1 期。

陈蒲清：《中国第一位思想家——箕子》，《船山学刊》2004 年第 1 期。

陈声柏：《“洪范九畴”的思维方式——从“范畴”的角度看》，《甘肃联合大学学报》（社会科学版）2005 年第 1 期。

陈志伟：《论经学与汉武帝的政治变革》，南昌大学 2006 年硕士学位论文。

谌中和：《〈洪范〉——专家治国的教科书》，《泉州师范学院学报》2002 年第 3 期。

程绍涛：《解释学视野中的“以意逆志”和“诗无达诂”》，广西师范大学 2007 年硕士学位论文。

崔永东：《董仲舒司法思想新探》，《北方法学》2011 年第 6 期。

高峰：《从〈洪范〉“五行”到“五德终始”——一个经学问题的哲学考察》，《湖南科技学院学报》2005 年第 9 期。

高光新：《〈今文尚书〉周公话语的定性》，《广西社会科学》2007 年第 12 期。

郭丽：《彝语支民族“洪水神话”解读》，四川大学 2007 年硕士论文。

郭仁昭：《试析中国神话的传播方式和演进趋向》，《广播电视大学学报》（哲学社会科学版）2011 年第 4 期。

何根海：《大禹治水与龙蛇神话》，《安徽大学学报》（哲学社会科学版）2003 年第 6 期。

贺更粹：《“礼乐教化”考》，《现代大学教育》2010 年第 4 期。

胡安莲：《论神话英雄鲧》，《河南社会科学》2011 年第 5 期。

黄震云：《〈吴越春秋〉、〈越绝书〉大禹治水神话比较》，《黄冈师范学院学报》2006 年第 4 期。

纪晓建：《〈山海经〉〈楚辞〉鲧神话差异的文化成因》，《南通大学学报》（社会科学版）2007 年第 4 期。

江林昌：《由世系探索炎、黄两族起源发展的时与地》，《炎帝・姜炎文化与和谐社会国际学术研讨会论文集》，2006 年。

靳怀堵：《人性之善也，犹水之就下也——孟子与水（一）》，《河南水利与南水北调》2011 年第 3 期。

靳青万：《论殷周的文祭——兼再释“文献”》，《文史哲》2011 年第 2 期。

景海峰：《从诠释学看儒家哲学的教化观念》《深圳大学学报》（人文社会科学版）2011 年第 6 期。

景以恩：《共工氏考》，《济宁师范专科学校学报》2000 年第 5 期。

康建军、刘勇：《〈尚书・洪范〉五行的舆地文化意义》，《吉林省教育学院学报》2009 年第 12 期。

康清：《试论西汉社会发展模式的建构——董仲舒的“理想国”蓝图》，《金陵科技学院学报》2011 年第 1 期。

李传江：《“共工与鲧之关系”新释》，《兰台世界》2008 年第 4 期。

李世萍：《〈毛传〉中的教化思想》，《青海民族大学学报》（教育科学版）2011 年第 1 期。
李双龙：《从自我教化方式看中晚明泰州学派士人的心态》，《社会科学论坛》2011 年第 3 期。
梁涛：《简帛《五行》研究中的几个问题》，《周秦社会与文化研究》编委会：《周秦社会与文化研究——纪念中国先秦史学会成立 20 周年学术研讨会论文集》，西安：陕西师范大学出版社，2002 年。
刘义峰：《孔子与〈书〉教》，曲阜师范大学 2005 年硕士学位论文。
刘源：《商代后期祭祖仪式类型》，《历史研究》2002 年第 6 期。
刘宗迪：《〈山海经・大荒经〉与〈尚书・尧典〉的对比研究》，《民族艺术》2002 年第 3 期。
刘宗迪：《禹步・商羊舞・焚巫尪・兼论大禹治水神话的文化原形》，《民族艺术》1997 年第 4 期。
龙文玲：《论楚辞与礼乐文化》，中国屈原学会：《中国楚辞学》第二辑，北京：学苑出版社，2002 年。
吕微：《鲧、禹故事：口头文本与权力话语》，《民间文化》2011 年第 1 期。
毛宣国：《〈毛诗〉"教化"理论及其对后世诗学的影响》，《中国文学研究》2011 年第 1 期。
明旭：《孔子"为政"思想研究》，浙江大学 2003 年硕士学位论文。
牛红广：《共工氏地望考辨》，《洛阳师范学院学报》2006 年第 1 期。
彭國翔：《修身与治国 董仲舒身心修炼的功夫论》，《中国文化》2011 年第 2 期。
齐明山：《中国历代王朝的行政大法——简析〈尚书・洪范〉》，《北京行政学院学报》2000 年第 4 期。
钱宗武，刘彦杰：《今文〈尚书〉判断句研究》，《湖南师范大学社会科学学报》1999 年第 6 期。
钱宗武、陈楠：《论敦煌写本〈尚书〉的异文类型及其特点》，《古籍整理研究学刊》2006 年第 3 期。
唐智燕：《今文〈尚书〉动词语法研究》，广西师范大学 2003 年硕士学位论文。
王爱民：《董仲舒"德主刑辅"观与儒家政治话语权的建立》，《衡水学院学报》2011 年第 6 期。
王灿：《〈尚书〉"圣王"形象"被同质化"研究——尧、舜、禹、汤、武形象考察》，《广西社会科学》2011 年第 7 期。
王青：《鲧禹治水传说新探》，《南京师范大学文学院学报》2003 年第 3 期。
王青：《禹步史料的历史民俗文献分析》，《西北民族研究》2011 年第 1 期。
王若柏：《黄河北流河道变迁与史前的灾害事件》，《地理科学》2005 年第 3 期。
王树民：《夏、商、周之前还有个虞朝》，《河北学刊》2002 年第 1 期。
吴从祥：《纬书政治神话与禹形象的演变》，《齐鲁学刊》2009 年第 3 期。

吴文祥、葛全胜：《夏朝前夕洪水发生的可能性及大禹治水真相》，《第四纪研究》2005 年第 6 期。
徐基：《商文化东渐初论》，《南方文物》1994 年第 2 期。
严宝刚：《〈尚书〉周初文献与〈史记〉引文对比研究初探》，《宁夏大学学报》（人文社会科学版）2008 年第 3 期。
杨东晨、杨建国：《渭水流域是华夏文化的重要源头——论宝鸡地区在炎黄族融合和孕育三代文化中的重要地位》，《宝鸡文理学院学报》（社会科学版）2002 年第 3 期。
杨飞：《论〈尚书〉的古代成人教育思想》，《中国成人教育》2011 年第 3 期。
叶林生：《共工考》，《江苏社会科学》1997 年第 5 期。
遇方庆：《〈管子〉政治哲学探析》，山东大学 2005 年硕士学位论文。
苑朋栋：《再论先秦民本思想的实质》，辽宁师范大学 2005 年硕士学位论文。
岳红琴：《〈禹贡〉与夏代社会》，郑州大学 2006 年硕士学位论文。
詹福瑞、邓田田：《论周公在〈尚书〉中所展现的执政性格》，《湖湘论坛》2011 年第 3 期。
张广志：《略论周人的“德治”与“民本”思想》，《史海侦迹——庆祝孟世凯先生七十岁文集》，2005 年。
张启成、章原：《共工的历史演变及其评价》，《贵州文史丛刊》2000 年第 2 期。
张韶宇：《董仲舒“王道教化论”理路透析》，《郑州轻工业学院学报》2011 年第 1 期。
张文安：《“共工”、“女娲”、“大氅”神话与战国时期的宇宙学说》，《陕西师范大学继续教育学报》2004 年第 2 期。
张晓红：《鲧——一个被诬蔑的治水英雄》，《青海师专学报》2005 年第 5 期。
周书灿：《大禹传说的兴起与丰富扩大》，《吕梁学院学报》2011 年第 1 期。
周述椿：《四千年前黄河北流改道与鲸禹治水考》，《中国历史地理论》1994 年第 1 辑。
周延良：《鲧禹治水神话的文化结构》，《天津师大学报》（社会科学版）1998 年第 6 期。

附录一　从“鲧、禹治水”看儒家思想中礼乐精神的形成

儒家思想是在礼的精神与乐的精神这两个观念的基础上建立起来的一套伦理学和哲学体系。礼和乐是调节人的欲望使归于正途的两大工具。礼是对人的自身情感的约束与规范，乐为对人情感的疏导、释放。而儒家思想的形成正如冯友兰先生所说源于孔子对于古代精神生活的反思。儒家许多思想的直接来源就是古代的道德生活、宗教生活与文艺生活。上古时期社会生产力水平低下，自然灾害频繁。为了生存而结成的劳动集体大部分时间用来和自然灾害做斗争。而洪水之祸为时已久，一向最为严重。因此，水患与人民的生活、生产息息相关。治水之功更是乾坤盛事。中国古代社会历来对水患的治理无非是鲧的湮塞之法或是禹的疏浚、导引之法。而人之情感的迸发亦如洪水猛兽一般一发而不可收。因此，“鲧禹治水”之功不仅仅是对水患的治理，它的象征意义更是启发了儒家礼、乐并重，不可偏废的思想，而这种象征意义对后世的影响是巨大的。

一、礼与乐的本质及关系

儒家思想希望通过提升整个社会的道德水平，以达到“仁治”的目的。礼与乐不过是实现这种愿望的两种方法。正如梁漱溟先生所说：“孔子深爱理性，深信理性。他要启发众人的理性，他要实现一个‘生活完全理性化的社会’，而其道则在礼乐制度。盖理性在人类，虽始于思想或语言，但要启发它实现它，却非仅从语言思想上所能为功。抽象的道理远不如具体的礼乐。具体的礼乐，直接作用于身体，作用于血气；人的心理情致随之顿然变

化于不觉，而理性油然现前，其效最大最神。”[1]礼乐作为调解人思想感情的两种方法，其功用在《礼记·乐记》中说得很清楚：

礼乐不可斯须去身。致乐以治心，则易直子谅之心油然生矣。易直子谅之心生则乐，乐则安，安则久，久则天，天则神。天则不言而信，神则不怒而威，治乐以治心者也。致礼以治躬则庄敬，庄敬则严威。心中斯须不和不乐，而鄙诈之心入之矣。外貌斯须不庄不敬，而易慢之心入之矣。故乐也者，动于内者也。礼也者，动于外者也。乐极和，礼极顺，内和而外顺，则民瞻其颜色而弗与争也，望其容貌而民不生易慢焉。……故曰：致礼乐之道，举而错之，天下无难矣。[2]

可见礼并非只是一些虚与委蛇的客套仪式，乐也不只是笙歌燕舞，弦管歌唱。它们负载得更多的是社会教化的功用。我们且看一下儒家经典中对礼与乐的阐释，进而得出礼、乐精神的真正内涵。

礼云、礼云，玉帛云乎哉？乐云、乐云，钟鼓云乎哉？（《礼记·孔子闲居篇》）

乐也者情之不可变者也，礼也者理之不可易者也。(《礼记·乐记》)

乐者天地之合也，礼者天地之序也。(《礼记·乐记》)

乐自中出，礼自外作；乐自中出故静，礼自外作故文。(《礼记·乐记》)

大乐与天地同和，大礼与天地同节。(《礼记·乐记》)

礼节民心，乐和民声。(《礼记·乐记》)

乐者乐也，君子乐其道，小人乐其欲。(《礼记·乐记》)

仁近于乐，义近于礼。(《礼记·乐记》)

礼者殊事合敬者也，乐者异文合爱者也。(《礼记·乐记》)

礼以道其志，乐以和其声，政以一其行，刑以防其奸，礼乐刑政其极一也。所以同民心而出治道也。(《礼记·乐记》)

先王之制礼也以节事，修乐以道志。(《礼记·礼器》)

言而履之，礼也；行而乐之，乐也。(《礼记·仲尼燕居》)

人而不仁如礼何？人而不仁如乐何？（《论语·八佾》）

礼，理也；乐，和也，阴阳和而后理。君君、父父、子子、兄兄、弟弟、妇妇万物各得其理而后和，故礼先而乐后。(周敦颐《通书》)

---

① 梁漱溟：《中国文化要义》，上海：上海人民出版社，2011年，第106页。
② 王文锦：《礼记译解·乐记》，北京：中华书局，2001年，第558页。

综上所引诸语，可见礼的精神是敬、理、中、义、文、节事，理之不可易，是人为，是修养所下的工夫。乐的精神是乐、仁、爱、和、道志、情之不可变，是自然或修养成自然。礼是行为的礼仪，作为制度规定的文为的条理。用处在于调整节制，使人于发扬生气中不至泛滥横流。乐是情感的流露，意志的表现。用处在发扬宣泄，使人尽量的任生气洋溢。礼使人控制自然，乐使人任其自然。乐本于情，而礼上求情当于理。这说明礼乐制度是互为补充，相辅相成的。儒家历来是两者并重，互为约束，不可偏废。这一点钱穆先生早有议论：“中国古代礼乐并重，而乐必附于礼。礼必见于两个相会，乐则可资独处。故礼主合，乐可分。”[①]礼乐并举即为求“和”。这也是儒家思想所追求的境界。《中庸》云：“喜怒哀乐未发谓之中。发而皆中节谓之和。致中和，天地位焉，万物育焉。”可见作为儒家思想系统基础的礼、乐制度，不光强调的是礼的精神与乐的精神，更看中的是两者的和谐统一。

二、“鲧、禹治水”的启发

上古之时，水患频繁。治理洪水被看作国家之大事，因治水而得名者也不止一人。早在鲧、禹父子前就有一批人专事治水。共工、后土即为代表。史书记载共工治水，专事湮塞。“昔共工弃此道也，虞于湛乐，淫失其身，欲壅防百川，堕高湮庳，以害天下。皇天弗福，庶民弗助，祸乱并兴，共工用灭。”[②]共工之后，后土继而治水。《礼记·祭法》曰：“共工氏之霸九州也，其子曰后土，能平九州，故祀以社。”最终获得成功。后土所用之法已经失传，很有可能与共工的方法正好相反。这一点柳诒徵先生也有猜测：“后土继之，而其法不传，疑必反共工之所为。”到了唐虞之时，鲧禹父子相继治水，刚开始也重蹈共工的覆辙，后来才改为疏浚、导引之法。鲧治水所用的方法就是湮塞。

> 箕子曰：我闻在昔，鲧湮洪水，汩陈其五行。(《尚书·洪范》)
>
> 鲧障鸿水而殛死。(《尚书·祭法》)
>
> 洪水滔天，鲧窃帝之息壤，以湮洪水。(《山海经·海内经》)

鲧治水之法也就是多筑堤防，来遏止水势。历经九年而未成功。因治水不成而丧命。《史记》卷二《夏本纪》云：“(尧)行视鲧之治水无状，乃殛鲧于羽山以死。”禹伤父功不成，劳身焦思，以求继续先业而竟其志。他在

① 钱穆：《现代中国学术论衡》，北京：生活·读书·新知三联书店，2001年，第285页。

② 徐元诰：《国语集解·周语下》，王树民、沈长云点校，北京：中华书局，2002年，第93—94页。

治水之前，先进行了详细的实地考察和测量，最后决定采用与乃父截然相反的方法，开始了疏凿。《淮南子·本经训》载："舜之时，龙门未开，吕梁未发，江淮通流，四海溟涬民毕上丘陵，赴树木。舜乃使禹疏三江五糊，辟伊阙，导廛涧，平通沟陆，流注东海，鸿水漏，九州干，万民皆宁其性。"《淮南子·修务训》曰："禹沐浴霪雨，栉扶风，决江疏河，凿龙门，辟伊阙，修彭蠡之防，乘四载随山刊木，平治水土，定千八百国。"禹的成功在于方法的恰当，而历来史家推论他的治水之功，尤以导河为大。《史记·河渠书》载："河灾衍溢，害中国也尤甚。唯是为务。故道河自积石历龙门，南到华阴，东下砥柱，及孟津、洛汭，至于大邳。于是禹以为河所从来者高，水湍悍，难以行平地，数为败，乃厮二渠以引其河。北载之高地，过降水，至于大陆，播为九河，同为逆河，入于勃（渤）海，九川即疏，九泽即洒，诸夏艾安，功施于三代。""按河自龙门，至今河间、天津等地，其长殆二千里，皆禹时以人力开凿而成。则中国人造之河流，不自南北运河始也。"①

鲧、禹治水，方法不同，结果各异。鲧之失败在于对泛滥之洪水只是一味湮塞，而不加以疏导，其结果可想而知。禹吸取乃父之教训，既有湮塞，又辅以合理的引导疏浚。二法并用，互为调节，历九年而功成也是情理之中。泛滥之洪水犹如脱缰之野马，其性一发不可收。试图通过加高围栏、众人围堵的方法将其约束，殊不可行。其结果必是栏倒、人伤、马逸。倒不如顺其烈性，包而不围，留一条路让它兜圈子，等它精疲力竭，烈性退去之后，再收伏它，岂不更好？

三、"鲧、禹治水"之意义与礼乐制度

人的情感的迸发，犹如洪水之纵肆横流，也需善加引导。"孔子曰：'郑声淫'，淫即言过分。人生当有娱乐，然不当超于礼之外，超礼则谓之淫。……水可有淫，有横流冲决堤防以为害。"②儒家思想中的礼、乐制度就是调节人的欲望使之归于正途的两种方法。礼是对人情感的约束与规范；乐是对人情感的疏导与释放。这与"鲧、禹治水"之湮塞与疏浚引导之法殊途而同归。所不同者仅是一个调节人欲，一个治理水祸。礼乐制度是儒家思想形成的基础，而儒家思想的形成，正如冯友兰先生所说源于孔子对于古代精神生活的反思，儒家许多思想的直接来源就是古代的道德生活、宗教生活和

① 柳诒徵：《中国文化史》，北京：东方出版社，1996 年，第 55 页。
② 钱穆：《现代中国学术论衡》，北京：生活·新知·读书三联书店，2001 年，第 285 页。

文学生活。例如，儒家把宗教转化为礼，冯先生说：“近人桑戴延纳（George stantagana）主张宗教亦宜放弃其迷信与独断而自比于诗，但依《荀子·礼记》对于其所拥护之丧礼与祭礼之解释与理论，则《荀子·礼记》早已将古时之宗教，修正为诗。古时所已有之丧祭礼，或为宗教的仪式，其中或包含不少之迷信与独断。但《荀子·礼记》以述为作，加以澄清，与之以新意义，使之由宗教而变为诗。”①可见包括礼乐精神在内的儒家思想并非横空出世，而是皆有所本。通过上文的论述，我们可以看到“鲧、禹治水”的重大社会意义，其直接影响了儒家思想中礼乐制度的形成。后世统治者从来都是“德法共倡、礼乐号召”，礼乐精神作为道德层面的感召，也成了治理国家的法宝。而且一向是两者并举，互为协调，互为制约。若社会礼仪过于繁缛，百姓过于按部就班、循规蹈矩，则提倡音乐，以增其活力；若整个社会自上而下沉浸于笙歌燕舞、鼓乐太平之中，则重倡礼仪以为规矩。后世社会但凡仅倡礼乐之一者，或停滞不前，缺乏进取；或纵欲享乐，几至亡国。可见礼乐精神对中国传统文化影响极深。

① 冯友兰：《中国哲学史》上册，北京：商务印书馆，2011 年，第 364 页。

附录二　沟通天地的昆仑山与“大禹治水”关系初探

昆仑山在沟通人间和天庭的角色中起到极为重要的媒介、中转的作用。没有昆仑山，凡夫无法幻化成神、人间祭祀之礼不能成立；相应地，没有昆仑山，天帝和诸神也无法介入人间的事务。而究其出身，昆仑山并非来自上天的神力，而是真真切切“大禹治水”所得，是“人为”的产物。这样一座登天之山竟然出自“人力”，而非天然或“神力”，其中暗含的“经天纬地”“人定胜天”的意味不言而喻。如果再把登上天宇隐射为抵达人生的彼岸，那所谓的“昆仑山”蕴含的意义实际上就是圣人为我们铺就的一条通往幸福世界的康庄大道。

中华农业文明发源与西方海洋文明大相径庭，由于生活、生产资料多产自大河、高山，因此在华夏先民的心中历来就有大河崇拜、高山崇拜的情结。表现在神话当中，“山”这一形象的寓意远远超出了它本来的内涵。山可以隐射困难[①]，也可作为震慑江、海、湖、泊中兴风作浪的妖魔鬼怪之用，还可以是沟通天界和人间的天堑通衢。而要在中国上古神话系统中推举出一座最有名的海内仙山，则非昆仑山莫属。昆仑山与中华文明的发端、肇始关系极其密切，那么这座承载着中华民族厚重精神气质、文化内涵的昆仑山，到底隐含着什么特殊的意义？以致中华祖先都自称“赫赫我祖，来自昆仑”。甚至早在清代，毕沅就认为：“是昆仑者，高山皆得名之。”[②]王昆吾先生更是明言：“古神话中的昆仑，乃是一种特殊的指称方式，不可同史学上所谓昆仑任意比附。”[③]

---

① 如“愚公移山”神话中的王屋山与太行山。

② 游国恩：《天问纂义》，北京：中华书局，1982 年，第 125 页。

③ 王昆吾：《中国早期艺术与宗教》，上海：东方出版中心，1998 年，第 89 页。

一、从昆仑山到天庭

《山海经·海内西经》云：“海内昆仑之虚，在西北，帝之下都。昆仑之虚，方八百里，高万仞。”①又《山海经·西次三经》云：西南四百里，曰昆仑之丘，是实惟帝之下都，神陆吾司之。”②又《山海经·大荒西经》载：“有大山，名曰昆仑之丘……此山万物尽有。”③ “昆仑一曰玄圃，一曰积石瑶房，一曰阆风台，一曰华盖，一曰天柱，皆仙人所居也。”④昆仑山，这座天帝的“下都”、人间的仙山，究竟在什么地方？现在已经成了学术史上的一桩悬案。《周礼·春官·大司乐》郑玄注：“天神则主北辰，地祇则主昆仑。”⑤何新先生也认为“昆仑”与浑沦、混沌音义相对，很有可能指“云气”，故为“大”或“天”之谓。⑥而汤惠生先生则认为“昆仑”乃古代匈奴语“天”之谓，古代信奉萨满教的民族与部落都可以拥有自己联系天地的宇宙山，很可能这些先民将之称为“昆仑山”。因此汉代以前的“昆仑山”不是一个具体的地名，而是一个宗教或神话概念。大约在汉代以后，昆仑山才变成一座具体地理山脉名称。⑦在此基础上，黄懿陆先生又提出了“昆仑”实为先越族的语言，是“天亮”或“天色”的意思。⑧吕微先生在《神话何为——神圣叙事的传承与阐释》一书中指出：“昆仑最早并不专门指一座具体的山，这一点，早在汉代就有人指出过。《尔雅》的作者曾说：‘三成（层）为昆仑丘。’清代学者毕沅在注《山海经·海内南经》‘昆仑虚在其东，虚四方’时则更明确地说：‘昆仑者，高山皆得名之。’这就提出了我们应从语义阐释学入手，确立考察昆仑神话潜在象征含义的新角度。”⑨进而他提出了探索昆仑语义方面值得注意的三种象征含义：（1）昆仑山是能够旋转的。（2）昆仑山是不死的混沌。（3）天为昆仑。虽然这些说法还有待于进一步考证，但几乎所有的观点都传递了一个明确的信息，即昆仑山与天的关系十分密切。

按照《河图括地象》的记载，昆仑山是天帝和圣人、仙人的聚集之所。

---

① 袁珂：《山海经校注》，上海：上海古籍出版社，1980年，第294页。
② 袁珂：《山海经校注》，上海：上海古籍出版社，1980年，第47页。
③ 袁珂：《山海经校注》，上海：上海古籍出版社，1980年，第407页。
④（唐）欧阳询：《艺文类聚》卷七引《葛仙公传》，上海：上海古籍出版社，1985年，第130页。
⑤ 阮元校刻：《十三经注疏》，北京：中华书局，1980年，第790页。
⑥ 何新：《诸神的起源——中国远古神话与历史》，北京：生活·读书·新知三联书店，1986年，第94页。
⑦ 汤惠生：《神话中之昆仑山考述——昆仑山神话与萨满教宇宙观》，《中国社会科学》1996年第5期。
⑧ 黄懿陆：《〈山海经〉考古：夏朝起源与先越文化研究》，北京：民族出版社，2007年，第234页。
⑨ 吕微：《神话何为——神圣叙事的传承与阐释》，北京：社会科学文献出版社，2001年，第144页。

“地中央曰昆仑。昆仑东南，地方五千里，名曰神州。其中有五山，帝王居之”[①]。“地部之位，起形高大者，有昆仑山，广万里，高万一千里，神物之所生，圣人仙人之所集也。出五色云气，五色流水，其泉东南流入中国，名曰河也。其山中应于天，最居中，八十城市绕之。中国东南隅，居其一分。”[②]可以看出，昆仑山既被视为登天之梯，同时还被当作天帝在人间的行宫所在。而所谓“天帝”，顾名思义就是天界最高品位之神，统摄天庭。甲骨文中“帝”的含义就是天上最高的神。许多学者也坚持认为史籍中所记载的黄帝、炎帝、尧、舜等本意都是“天帝”，后来才将其作为传说中的人间的君王。《五帝德》说黄帝功业：“治五气（五行），设五量，抚万民，度（达）四方。率熊、罴、貔、虎，以与赤帝战于坂泉之野，三战然后得行其志。播百谷四方……时（始）播百谷草木，淳化鸟、兽、昆虫。历离日、月、星、辰，极畋土、石、金、玉，勤劳心力耳目，节用水火材物。生而民得其利百年，亡而民用其教百年，死而民畏其神百年，故曰三百年。”可见，功业赫赫的黄帝实际上就是人神两界的最高帝王——“天帝”。《穆天子传》卷二载：“天子升于昆仑之丘，以观黄帝之宫。”所谓的黄帝之宫，实乃天帝的天界王宫。人间的天子要通过昆仑山这一沟通天人两界的仙山才能进入天庭，而天界的最高统治者——天帝，也需借由昆仑山来介入人间的事务，昆仑山沟通人神、天地的意义在此表露无遗。对此袁珂先生说：

> “黄帝”，古书又常写作“皇帝”，即“皇天上帝”的意思。他是宇宙的最高统治者，相当于希腊神话里的宙斯，或罗马神话里的朱匹忒。他不但在天上有帝都，在下方也有帝都，他的在下方的帝都，就在那高峻的昆仑山上，已接近于天庭了，因此传说是“百神之所在”。大约最古老的神话是说，神们都住在高山上，天帝的都城也在高山的巅顶。犹之希腊神话说：宙斯和众神都住在奥林帕斯山上。[③]

中华始祖黄帝和炎帝，最初的本义也都是天神之名，而非君主之名。帝的本义就是神。黄帝，即光明之帝、光明之神，也就是太阳神。（黄帝又称黄神，汉印文字有“黄神越章”。黄神乃天神，韩国乐浪出土王莽时封泥“天帝黄神”玺印。宝鸡出土陶文有“黄神北斗”。《淮南子·览冥》：“黄神

① （日）安居香山、中村璋八：《纬书集成·河图括地象》，石家庄：河北人民出版社，1994 年，第 1089 页。
② （日）安居香山、中村璋八：《纬书集成·河图括地象》，石家庄：河北人民出版社，1994 年，第 1095 页。
③ 袁珂：《古神话选释》，北京：人民文学出版社，1979 年，第 109 页。

啸吟”。“道藏”称黄帝为“中黄太乙”。黄神即皇神，即“皇帝”（神皇上帝），本为太阳神之美号也。[①]黄帝，这位中国神话系统中最高天神的人间帝都就在昆仑山上。昆仑山是“天帝”实实在在的“人间帝都”。

二、从人间到昆仑山

据《淮南子·地形训》载：“昆仑之丘，或上倍之，是谓凉风之山，登之而不死。或上倍之，是谓悬圃，登之乃灵，能使风雨。或上倍之，乃维上天，登之乃神，是谓太帝之居。”[②]昆仑山这座沟通大地与天庭的名山，既可以是神仙居住的府第，也可以是登上天宇的天梯。凡夫将根据自己在人间的功业和修为，按不同品阶和等级进入昆仑仙界，并且越往上越昭示着神性的增强，人性的减弱。即所谓“或上倍之，是谓琼风之山，登之而不死；或上倍之是谓悬圃，登之乃灵，能使风雨；或上倍之，乃维上天，登之乃神，是谓太帝之居”。可以看到，昆仑山其实就是沟通人间与天庭的一个中转枢纽站，是神话传说中对民间信仰简单的“人间—天庭”的二元对立的空间模式的丰富。有了昆仑仙山，人间和天庭就不再显得那么遥远，仙界与人而言也不再显得那么冰冷、神秘、难以企及。在这种“人间—昆仑山—天庭的”三级一贯的宇宙模式中。昆仑山扮演着沟通人神、登天之梯、人间仙境、天帝行宫等重要的角色。这实际上体现的是受道教思想深刻影响的先民对羽化登天、进入仙界的玄思及幻想。在这个意义上，昆仑山的作用与佛教系统中最为重要的须弥山的作用极其相似。甚至有人就认为昆仑山就是西方的须弥山。西晋的王嘉在《拾遗记》卷十《昆仑山》中就明言：“昆仑山者，西方曰须弥山。对七星之下，出碧海之中。上有九层……”。关于须弥山，据《长阿含经》卷十八《阎浮提州品》载，须弥山有上、中、下三层“七宝阶道”。而在《水经注·河水》中载：“昆仑墟，在西北，三成为昆仑丘。《昆仑说》曰：昆仑之山三极，下曰樊桐，一名板松；二曰玄圃，一名阆风；上曰层城，一名天庭，是谓太帝之居。去嵩高五万里，地之中也。”[③]“三极”的昆仑山与“三层”的须弥山从属性和结构而言，如出一辙。虽无从考证，但昆仑山与须弥山这两座道教、佛教名山之间相互借鉴比附的关系不言而喻。

由于昆仑山介乎人世与天庭之间，所以按照简单的神话思维，居住其中

① 何新：《大政宪典·〈尚书〉新考》，北京：中国民主法制出版社，2008 年，第 1 页。
② 何宁：《淮南子集释》，北京：中华书局，1998 年，第 328 页。
③ 陈桥驿：《水经注校证》，北京：中华书局，2007 年，第 1 页。

的神物也必须介乎人、神之间。既部分的脱去了人的形体的束缚，但又不能完全羽化而成仙，否则将置天庭的天神于何地？因此我们看到昆仑山的守护神，无论从外形还是力量而言，也多为半人半神之物。《山海经·西山经》所载的昆仑山的守护神陆吾，就是一个典型的半人半神的人面九尾虎。“西南四百里，曰昆仑之丘，是实惟帝之下都，神陆吾司之。其神状虎身而九尾，人面而虎爪；是神也，司天之九部及帝之囿时”①。而大名鼎鼎的昆仑山大神西王母究其原型也是半人半神之物。《山海经·大荒西经》载：“有人，戴胜，虎齿，有豹尾，穴处，名曰西王母。”②这些神物进可羽化成仙，退可敛迹为人。这暗示的含义是人是很难直接由凡夫幻化为神仙，必须经由一个“人—半人半神—神”的次第渐修、羽化登仙的过程。

正因为昆仑山扮演着人间与天庭的中转站的重要作用，加之古人认为昆仑山是“天地之中、天下之中”，所以人祈求天神的祭祀之礼，必须登上昆仑山的“登天之梯”才能完成。之所以选取昆仑山作为祭礼之地，一方面是因为它的“登天之梯”可直达天庭；另一方面，古人笃信昆仑山就是“天地之中、天下之中”，所以祭天之礼在这里完成再合适不过。在先民的心目中，昆仑山在大地上的地位，等同于北极星在天宇的地位。即《周礼·春官·大司乐》所说：“天神则主北辰，地祇则主昆仑。”在汉代，就有学者从语义学角度来解释“昆仑”。认为所谓“昆仑”，其本意就是“天地之中、天下之中”的意思。《周礼·春官·大宗伯》曰：“以苍璧礼天，以黄琮礼地。”郑玄注：“此礼天以冬至，谓天皇大帝，在北极者也，礼地以夏至，谓神在昆仑者也。”③也就是说郑玄认为北极星是天的中心，而与之相对的昆仑山则是大地的中心。因此，凡祭天必在昆仑山。汉代以后的纬书凡谈到昆仑山，多把它定义为“天下之中，天地之中”。《河图括地象》曰：“昆仑者，地之中也。”④又曰：“地中央曰昆仑。昆仑东南，地方五千里，名曰神州。其中有五山，帝王居之。”⑤《水经注·河水》云：“昆仑墟，在西北……去嵩高五万里，地之中也。”⑥选择这样一座“天下之中，天地之中”的名山完成祭礼，也是理所必至之事。

《山海经》所载不少名山就是巫觋祭祀的登天之梯。同时还有建木、扶

① 袁珂：《山海经校注》，上海：上海古籍出版社，1980 年，第 47 页。
② 袁珂：《山海经校注》，上海：上海古籍出版社，1980 年，第 407 页。
③ 阮元校刻：《十三经注疏》，北京：中华书局，1980 年，第 762 页。
④ 徐坚等：《初学记》卷五《地理上》，北京：中华书局，1962 年，第 87 页。
⑤（日）安居香山、中村璋八：《纬书集成·河图括地象》，石家庄：河北人民出版社，1994 年，第 1089 页。
⑥ 陈桥驿：《水经注校证》，北京：中华书局，2007 年，第 1 页。

桑等连天通地的古木虬枝，是天神的上下之所。

昆仑山为天柱，气上通天。昆仑者，地之中也。[①]

有木，青叶紫茎，玄华黄实，名曰建木，百仞无枝，有九㰏，下有九枸，其实如麻，其叶如芒，大皞爰过，黄帝所为。[②]（《山海经·海内经》）

建木在都广，众帝所自上下，日中无景，呼而无响，盖天地之中也。（《山海经·海内经》）

天下之高者，有扶桑无枝木焉，上至于天，盘蜿而下屈，通三泉。（《古小说钩沉》辑《玄中记》）

祭祀天地的时候，如果不登上这些天梯古木，则上天不得而知，相应的祭祀之礼不成，虔敬之心也不被接受。《白虎通义》载：“社无屋何？达天地气。”《礼记·郊特牲》中也说：“天子大社必受霜露风雨以达天地之气。”《汉书》云：“国之大事，唯祀与戎。”祭祀作为国家最为重要的大典，同时也是取悦、祈祷上天的唯一途径，拥有庄严肃穆的仪式和程序是必不可少的。对此袁珂先生论述道：“古人质朴，设想神人、仙人、巫师登天，亦必循阶而登，则有所谓‘天梯’者存焉。非如后世之设想，可以‘翱翔云天’任意也。自然物种可凭借以为天梯者有二，一曰山，二曰树，山之天梯，首曰昆仑。”[③]

至此也就明白了为什么从古至今帝王封天禅地、举行祭天仪式都选择在高山之上，无非因为将高山想象为通天之衢。而司职祭祀的巫觋以沟通人神的角色出现，所以他们的做法是要么选择高山之上，要么选择高台之上，总之一定要尽量的远离人群、远离人间。

三、昆仑山与“大禹治水”

《淮南子·地形训》载：“禹乃以息土填洪水，以为名山。掘昆仑虚以地下，中有增城九重……昆仑之丘，或上倍之，是谓凉风之山，登之而不死。或上倍之，是谓悬圃，登之乃灵，能使风雨。或上倍之，乃维上天，登之乃神，是谓太帝之居。”[④]

按照《淮南子·地形训》的说法，昆仑山这座海内名山是“禹乃以息土填洪水”而得，完全是大禹治水的产物。也就是说在洪水滔天之时并没有

① 徐坚等：《初学记》卷五《地理上》，北京：中华书局，1962年，第87页。
② 袁珂：《山海经校注》，上海：上海古籍出版社，1980年，第448页。
③ 袁珂：《山海经校注》，上海：上海古籍出版社，1980年，第450页。
④ 何宁：《淮南子集释》，北京：中华书局，1998年，第322—328页。

"天然存在"的所谓"昆仑山"，此山之形成、出现是大禹用息土湮塞洪水而来，纯粹出自人力而非天然。我们看到大禹在治水功成以后，并未马放南山、刀枪入库。为了避免再发生大的洪水灾害，他完成了许多后续的工作。首先是填土而成昆仑山，之后又在昆仑山上修建了很多四方高台。这些高台的修建出自两个目的：（1）震慑邪魔水神。（2）表彰圣贤功业。前者为震慑相柳氏、相繇等共工之臣；后者则有帝尧台、帝喾台、帝丹朱台、帝舜台等高台。

《山海经·海外北经》载："共工之臣曰相柳氏，九首，以食于九山。相柳之所抵，厥为泽溪。禹杀相柳，其血腥，不可以树五谷种。禹厥之，三仞三沮，乃以为众帝之台。在昆仑之北，柔利之东。相柳者，九首人面，蛇身而青。不敢北射，畏共工之台。台在其东。台四方，隅有一蛇，虎色，首冲南方。"

《山海经·大荒北经》载："共工之臣名曰相繇，九首蛇身，自环，食于九土，其所呕所尼，即为源泽，不辛乃苦，百兽莫能处。禹湮洪水，杀相繇，其血腥臭，不可生谷，其地多水，不可居也。禹湮之，三仞三沮，乃以为池，群帝因是以为台，在昆仑之北。"

《山海经·海内北经》载："帝尧台、帝喾台、帝丹朱台、帝舜台，各二台，台四方，在昆仑东北。"

从这个意义而言，所谓的"大禹治水"神话，实际就是大禹治住为害一方的水神共工及其手下能变化出泽溪与源泽的大臣相柳、相繇等的过程。

正如南怀瑾先生在《禅宗与道家》一书中所说："中国几千年来帝王时代，首要的大事，便是对于黄河水患的防治与长江的水利开发。尤其是黄河水患，在历史上，小的水灾，至少不出十余年，大的水灾，至多不外三十年，必定会造成黄河下游流域的中原地带等区域的灾害。……由伏羲画卦，经神农、黄帝而到尧、舜以后，大禹是中国上古建国史上划时代的人物。"① 正是尧、舜、禹这些古圣先帝对大地的经纬治理，才奠定了中国千年农耕文明的根基。对洪水的治理、大地的经纬则表现了中华祖先自强不息、勇于挑战、坚韧不拔、改造自然的伟大精神。伏羲画八卦、鲧禹治水、精卫填海、愚公移山、共工怒触不周之山、精卫填海等神话，就是对这种经天纬地、为我所用的拼搏精神的彰显。而大名鼎鼎的海内仙山"巍巍昆仑"，究其出

① 南怀瑾：《禅宗与道家》，上海：复旦大学出版社，2005 年，第 168—169 页。

身，也并非来自上天的神力，而是真真切切大禹治水所得，是活脱脱的“人为”的产物。这样一座登天之山竟然出自“人力”而非天然或“神力”，其中暗含的“经天纬地”“人定胜天”的意味不言而喻。所以说中国上古神话究其根源，处处都在彰显人的力量，乃典型的“人本之教”，而非“神本之术”。

通过上面的梳理，我们可以看出，昆仑山在沟通人间和天庭的位置上扮演着极为重要的角色，没有昆仑山凡夫无法幻化成神、人间祭祀之礼不能成立；相应地，没有昆仑山天帝和诸神也无法介入人间的事务。昆仑山的媒介、中转作用通过附表 1 可见一斑。

附表 1　昆仑山的媒介、中转作用

人间⟷昆仑山	昆仑山⟷天庭
人—半人半神	半人半神—神
凡夫进入天庭的中转站是昆仑山	天帝的人间行宫是昆仑山
人间到天界须经昆仑山（天梯、建木）	天庭到人间须经昆仑山
由人羽化成神须经昆仑山	由神幻化成人须经昆仑山
宗庙祭祀须在昆仑山完成（人祈祷天帝）	天帝介入人间事务须经昆仑山

凡夫或凭借功业、或通过修炼，一旦登上昆仑山，就等于拿到了通往天庭的门票。其上无可穷极处就是层层天宫，而且越往上走路途越远、门槛越多、越为困难，所谓“登上而不死，乃灵乃神”。统治者把昆仑山和天庭描绘成山环水绕、层峦叠嶂的宫宇，是对渴望进入天庭的百姓的最美诱惑。这实际象征的是初民对天界的想象与玄思。同时，昆仑山和天庭的不同等级，也昭示着不同修为的凡夫，将根据自己人间的德行功修可居于不同善果业报的天庭境界之中。究其根源，实在与佛教三界二十八天之说无异。如果再把登上天宇隐射为抵达人生的彼岸世界，那所谓的“昆仑山”蕴含的意义，实际上就是圣人为我们铺就的一条通往幸福世界的康庄大道。

附录三　基于文化视野下的中西洪水神话异同比较初探

探究人类文明的源头很难绕开洪水神话。举凡东西方各民族、国家在发源肇始之初，都有一套属于自己的洪水神话系统。在希腊、北欧、印度等许多世界上的古老民族中，洪水神话甚至演变成了本民族的英雄史诗。而华夏民族有“鲧禹治水”的华彩乐章，却没有洪水毁灭人类和人类再造的主题。这一点与西方洪水神话和我国一些少数民族流传下来的洪水神话多有不同。“中国的洪水神话与流行于西方的同类神话不同，湮没陆地的大水是一种原始状态的水，它首先阻碍了农业生产。由于洪水不退，需要一位英雄的工作来改变这种状态。大禹治水的故事成为有关中国社会的创造的神话，它既非关于惩罚罪恶的神话，也不是（神）试图毁灭人类的神话”[①]。探究中西方洪水神话的深刻内涵，有助于我们了解两种文化不同的文明土壤和文化心理。

中国最早关于洪水神话的记载来自《尚书·洪范》篇：

> 惟十有三祀，王访于箕子。王乃言曰：“呜呼！箕子。惟天阴骘下民，相协厥居，我不知其彝伦攸叙。”
>
> 箕子乃言曰：“我闻在昔，鲧堙洪水，汩陈其五行。帝乃震怒，不畀洪范九畴，彝伦攸斁。鲧则殛死，禹乃嗣兴，天乃锡禹洪范九畴，彝伦攸叙”[②]。

意思是：在周武王十三年，武王访问箕子。武王对箕子说：“箕子啊，上天覆盖着下方的子民。如何更好地和谐相处，我还不明白其中的伦理和头

① 转引自叶舒宪：《中国神话哲学》，西安：陕西人民出版社，2005 年，第 339 页。
② 江灏、钱宗武：《今古文尚书全译》，贵州：贵州人民出版社，1990 年，第 233 页。

绪。”箕子下拜说：“我曾听说在古代，鲧用堰塞阻碍的方法治理洪水，结果扰乱了五行的气运。尧帝因此大怒，不赐予他治水大法“洪范九策”，致使他丧败伦理。结果鲧被杀死以后大禹取代而兴起。于是帝尧就赐予大禹“洪范九策”，伦理才得以恢复秩序。

《尚书》之后关于“鲧禹治水”的洪水神话，在上古几乎所有的文化典籍中都有提及，这在中国文化史上是十分罕见的一种情况，从侧面也反映了洪水神话在中国文化中的重要性，要探究中华文明的起源和文化心理，无论如何也绕不开洪水神话。限于篇幅我们只征引其中的一部分：

《孟子·滕文公上》云：

> 禹疏九河，瀹济漯而注诸海，决汝汉，排淮泗而注之江。①

《庄子·天下篇》载：

> 昔者禹湮洪水，决江河而通四夷九州也，名川三百，支川三千，小者无数。②

《吕氏春秋·爱类篇》曰：

> 禹于是疏河决江，为彭蠡之障，干东土，所活者千八百国。③

在《诗经》中关于大禹治水功业称颂的诗句更是比比皆是。《诗经·大雅·文王有声》载：“丰水东注，维禹之绩。”《诗经·大雅·韩奕》载：“奕奕梁山，维禹甸之。”《诗经·商颂·长发》载：“洪水芒芒，禹敷下土方。”《诗经·商颂·殷武》载：“天命多辟，设都于禹之绩。”而治水神话中所显露出的中华民族特有的文明因子，更是对中国文明的形成产生了十分深远的影响。

一、中国洪水神话的文明土壤

中国最著名的洪水神话的当属“鲧禹治水”的故事，但很多研究者认为与希腊、北欧、印度等地的上古英雄史诗和洪水神话相比，中国的洪水神话没能演化为史诗巨制，因而被看作“不发达”。如谢选骏先生提出：

> 除了在《尚书·尧典》的某些段落以及《诗经》中的某些篇章中，有些类似于英雄史诗行迹的“氏族祖先传说”之外，可以说上古时代的中国没有产生过接近英雄史诗的作品。……各个神话及各神话人物之间

① 杨伯峻：《孟子译注·滕文公上》，北京：中华书局，1960年，第124页。
② 孟庆祥等：《庄子译注》，黑龙江：黑龙江人民出版社，2003年，第534页。
③ 张玉春等：《吕氏春秋译注》，黑龙江：黑龙江人民出版社，2003年，第704页。

经常处于彼此孤立的状态，它们很少发生事件的或血缘的“因果关系”，至于明显的横向与纵向坐标式联系，则要么不存在，要么十分模糊，要么各种说法彼此矛盾。……

鲧、禹治水的神话大约记录于西周初年，可以看作中国载籍上最古老的神话之一，也是最著名的“灾难—救世”神话。这个典型的神话同样具有上古神话的普遍特点。第一，洪水灾难的原因不清楚；第二，治水和救世的内在含义也不十分清楚；第三，上帝在“灾难—救世”的神话中的地位和作用极其模糊。上帝对治水英雄态度转变的原因也不清楚。①

确实如谢先生所说，中国的洪水传说和治水故事都是一些孤立的故事片断，而且跳跃性很强，很难构成一个完整的故事序列，单从这方面来说，似乎真是“根据现有材料，很难为上古神话传说编排出一套完整的神界故事”②。但事情的真相恐怕未必如此简单，如果对中华文化的深层内涵有所了解，并且对神话产生的背景和文明土壤熟悉的话，我们将得出全新的结论。

虽然中西神话都热衷于用二元对立的眼光来看待世界，但究其根源两者的侧重点是截然不同的。我们看到在中国的神话中虽然也会体现出阴阳、正反的力量对比，正如比较神话学的始祖麦克斯·缪勒在《宗教学导论》中所说的那样：“中国总是要求有秩序和规定，他们之所以建立这种体系是因为他们承认两种力量在相辅相成：一正一负，一阴一阳，这两个力量在统治万物，在明智者的心目中，他们超过那许许多多的神灵。在每个事物的中间、下面、后面都存在这两个力量，所以每个事物都有双重性质，常把这两个力量比作天和地。”像刑天舞干戚中的天帝与刑天、黄帝战蚩尤中的黄帝与蚩尤、天帝殛鲧中的天帝与鲧等都是两种力量的对决。但其中传递出的更为重要的是“建立天地间的秩序”，并且“秩序不容挑战”的思想。哪怕你是功勋显赫的功臣、力量超凡的英雄，在秩序面前必要的时候也要牺牲。但是反过来对于失败英雄形象的塑造，往往又不吝惜笔墨渲染他们身上的英雄气概。因此，他们的牺牲带给我们更多的是英雄为了维护秩序慷慨赴死的悲壮，而非正义战胜邪恶的畅快。所以这些悲情英雄的牺牲，同样值得我们同情、赞赏、膜拜（如刑天、蚩尤、鲧等）。以东方九黎族的祖先蚩尤为例，

① 谢选骏：《神话与民族精神——几个文化圈的比较》，济南：山东文艺出版社，1986年，第77—78页。
② 谢选骏：《神话与民族精神——几个文化圈的比较》，济南：山东文艺出版社，1986年，第79页。

《史记》中记载的很清楚，“蚩尤作乱”乃是“不用帝命”，可见他就是因为挑战天帝之命，不满权威、反抗秩序而招致杀身之祸的。但黄帝战胜蚩尤并不是正义战胜邪恶的摧枯拉朽的胜利，相反是九战九败，颇费周章，最终不得不借用非自然的力量“魔法”而诛杀之。也就是说蚩尤之死并非劣迹昭彰而受天谴，他的牺牲颇具“为维护秩序的权威性”而献身的悲壮色彩。所以《管子·五行》中说他“蚩尤明乎天道”。以致离世之后仍然享受着与胜利者同样待遇的祭祀之礼，并成为人间福泽的施予者。直到汉高祖时期，刘邦还“令祝官立蚩尤祠于长安”。在《史记集解》中也记载：“蚩尤好五兵，故祠祭之求福祥也。”同样著名的还有炎帝，他是黄帝的手下败将，但这丝毫不会影响他的地位，几千年来我们自称“炎黄子孙”，炎帝一直排在战胜他的对手之前。至于陶渊明在《读山海经》中说：“刑天舞干戚，猛志固常在”，对失败英雄刑天斗志的称道更是尽人皆知。所以说中国神话最主要的思想绝不是叙述一件事情，以肯定此、否定彼，而是透过神话传递出“秩序至上”的根本法则。至于其中的力量比对、孰正孰邪，只是相机说教的阴阳符号，已经不那么重要了。从这个意义上说，列维—斯特劳斯认为：“（神话思想）总是由对立的知识朝向溶解的一种累进的过程。”[①]这是有一定道理的。

因为秩序至上、自然法则至上，所以在上位的统治者虽然有无限的权力，但相应也有同样的义务。《尚书·召诰》“惟王受命，无疆惟休，亦无疆惟恤。”[②]（译文：国王领受了天命，有无限的美好与幸福，也有无尽的忧愁）。所以任何违逆秩序、不履行义务的人或神，都最终难免一个悲惨的结局。相反当一个政权取代另一个政权、一支力量攻打另一支力量的时候也必然要打出“替天行道、顺天而行”的旗号以获取民心。如商汤伐夏桀在《尚书·汤誓》中就有明确的记载，商汤对众人说道：“格尔众庶，悉听朕言。非台小子，敢行称乱！有夏多罪，天命殛之。今尔有众，汝曰：‘我后不恤我众，舍我穑事，而割正夏？’予惟闻汝众言，夏氏有罪，予畏上帝，不敢不正。”[③]（译文：来吧，百姓们，听我说。不是我小子犯上作乱，夏王罪孽深重，天帝命令我消灭他。现在你们众人常说：‘国王不体恤我们，让稼穑之事荒弃，怎么能为人楷模呢？’我听了你们这些话，知道夏王有罪。我害怕天帝说我不执行他的命令，不敢不带兵征讨。）而一旦因统治者倒行逆施

① 朱狄：《原始文化研究：对审美发生问题的思考》，北京：生活·读书·新知三联书店，1988 年，第 709 页。
② 江灏、钱宗武：《今古文尚书全译》，贵州：贵州人民出版社，1990 年，第 305 页。
③ 江灏、钱宗武：《今古文尚书全译》，贵州：贵州人民出版社，1990 年，第 112 页。

遭受天帝的惩罚，相应的他的子民也将变成一群失去神灵眷顾的孤魂野鬼，面临被神放逐、遗弃的命运。直到新的能够顺天而行的帝王的出现，他们将在接纳新的政权和统治者的同时重新获取神灵的佑护。周公旦在武王在伐纣的时候，正是抓住了商人的这一心理而制造神话，并且大肆渲染。《尚书·召诰》载："天既遐终大邦殷之命，兹殷多先哲王在天，越厥后王后民，兹服厥命。"①（译文：当年保佑殷王朝的先公先王在天之灵，现在都要听老天的号令，殷朝的统治已经被上天结束了，活着的殷王与子民要服从号令，做周朝的臣民。）号召殷朝的祖先神面对现实，接纳新的政权，继续眷顾他们的子民。在宗法社会中所谓的尊卑、礼法，其目的都是出于维护"秩序"的考虑。整个东周时代的动荡和征伐都可以归结为原有秩序的崩塌，面对混乱无序的时代，诸子百家们不遗余力、奔走相告，努力推行各自的政治主张，这么做最根本的目的就是为已经礼崩乐坏的时代重新"建序"。秩序不容破坏、不容挑战，自天子以至于庶人皆须无条件地遵守"秩序"。让—皮埃尔·韦尔南在《神话与政治之间》一书中说："中国人特有的信仰、宗教现象说明，种种崇拜、种种信仰、种种人际神伦关系——如何通过某种秩序的整合，把一群人团结在一种神圣性周围，整合在普遍皇权主义的周围——如何转移进入权利秩序之中。在一个王朝权利秩序的范围中，神圣信仰就只有这样一个使命。这样，人们就可以对某些价值象征以及被精神偶像动员起来的信仰，它们如何起作用的方式，从事一个社会学的分析。"②这种秩序简单而言分为三种：（1）天地秩序。（2）尊卑有序。（3）祖宗成法。显然后两种秩序源于第一种，其中所强调的无非是"人各安乎其本位，勿生不平僭越之心。"这种整个社会人人各安天命、自得其乐的思想，使得国家具有超乎寻常的稳定性，而这些恰恰是统治者最需要的。高明的史家很清楚其中的意义，因此不遗余力地把神话中的故事和历史事件对等起来，其目的无非是强调秩序的重要性。人间秩序至上，神界亦是如此。神作为人的表率应该更严格的遵守秩序，否则将招致十分严厉的惩罚。像治水的鲧、舞干戚的刑天、和黄帝叫板的蚩尤，他们的悲惨下场实际上都是挑战秩序的结果。所以在神话故事中塑造的这些失败的、悲情的英雄，都是在彰显神对于秩序遵守。这种神对秩序的遵守还体现在神既然在人间就必须按照人间的规矩和秩序办事而不能"滥用神力"，动不动就显示超凡的神力，以达到"弹指间樯

① 江灏、钱宗武：《今古文尚书全译》，贵州：贵州人民出版社，1990年，第306页。
②（法）让—皮埃尔·韦尔南：《神话与政治之间》，余中先译，北京：生活·读书·新知三联书店，2001年。

橹灰飞烟灭”的效果，这在神界和人界都是不被允许的。因此大禹治水需兢兢业业、精卫填海要勤勤恳恳、愚公移山要老老实实，直到感动上苍才允许“神力”的出现。这时天帝垂示的治水大法“洪范九畴”出现了、天帝派来背山的天神出现了，只有天上最高的天帝可以打破或终止秩序的运行，这种来自最高层的破坏非但没有消解“秩序”的至上，反而增加了秩序的权威，因为“天帝”是秩序的制定者、执行者和监督者，他至高无上，他就是秩序。

在遵守“秩序”的前提下，神话中开始强调人的力量、人的伟大。所以中国的洪水神话往往会演变为治水神话，只要人恪守天道，谨遵规矩，人定可以胜“天”，遑论土地和洪水。因此治水神话也就象征着“一个人是如何因治水之功而演变成神的”。其中蕴含着对灾难的态度不是逆来顺受的被动接受，而是积极应对、直面困难的精神，这与《易经·乾卦》中“天行健，君子当以自强不息”的精神一脉相承，对中国文化影响至深。还需要看到的是，治水神话中“天帝殛鲧、禹承父志”中蕴含着前赴后继、生生不息的精神。而治水所用的“息壤”更是把“生生不息”的意义演绎得淋漓尽致。“息壤”不息，“息”的本意指气息，即一呼一吸。而人类在一呼一吸之间就有了生命，因此“息”的引申意即为生长、更替。《汉书·宣帝本纪》云“刑者不可息”，颜师古注曰：“息谓生长也。”[①]《孟子·告子上》中“日夜之所息”就是更替的意思。这些会生长膨胀的土地其实并没有什么特殊的隐射[②]，它所蕴含的恰恰是从《易经》到儒家思想中中华民族最核心的价值观念——生生不息。由此在治水神话中，我们可以梳理出一条清晰地“土地至上—积极治理—导胜于堵—生生不息”的文化精神的线索。如果把上面的“土地”改为“百姓”，则可以看到治水精神与“百姓至上—积极治理—导胜于堵—生生不息”这一治国理念不谋而合。这也就是千百年来中国人“以水喻道”，用治理洪水来影射治理天下的根本原因。而从“天人合一”的理念来看的话，治水神话也可以被引申为治理人身上的病理，在这个意义上而言，治水神话的寓意远远超出了治水的范畴。王充在《论衡》卷十五《顺鼓》中写道：

> 夫尧之使禹治水，犹病水者之使医也。然则尧之洪水，天地之水病

① （汉）班固：《汉书·宣帝本纪》，北京：中华书局，1962 年，第 253 页。
② 吕微：《神话何为——神圣叙事的传承与阐释》，北京：社会科学文献出版社，2001 年，第 95—127 页。

也；禹之治水，洪水之良医也。[1]

中国的上古神话往往是“圣人以神道设教”的手段，我们看到神话中神的一生中并不全然伴随有神性，从出生—生存—死亡这三个阶段来看的话，很多神只是在出生之时和死亡之后具有超越人力的神性，而在其人生最重要的“生存”的阶段中，体现的是平凡、务实、肯干的人性的光辉，如果非要说他与凡人有什么区别的话，就存在于他在平凡的人生中完成了伟大的功业。从这个意义而言，上古神话传递的一个很重要的信息，就是这些生而灵异、聪慧勤劳的凡夫俗子们是如何完成由人—圣—神的涅槃转换的。同时我们也不难读出其中的潜台词，即人人皆具成圣成神的可能性，而恰恰就是这一点并非统治阶层和贵族集团所专属的特权，给了普通百姓以莫大的鼓舞和鞭策，引领他们义无反顾、豪情万丈地投入到现实生活的耕耘中去。这种勤劳务实的生存态度于先民而言，带来的不光是现世的富足生活，更开出了来生成佛作祖、永享安乐的幸福“支票”，显然后者的诱惑力远大于前者。拥有如此理想的民间信仰基础，“圣人”以“神道”设教也就不足为怪了。

二、西方洪水神话的文明土壤

同样是洪水神话，西方的洪水神话所传递出的文化信息与中国的洪水神话截然不同。西方文明受海洋的恩赐较多，生活资料多取自海中，因而对海洋喜怒无常之性是既爱又恨。所以它的洪水神话更多的带有上天对人类不知餍足的欲望的惩戒的味道。以《圣经·创世纪》第 6、7、8 三章所写上帝发洪水淹没世界、毁灭人类为例，根本原因还是出于对亚当、夏娃触犯原罪被逐一路发展下来。两河流域的苏美尔和巴比伦的大洪水神话故事结构与此类似。人类对于上天的旨意是无能为力的，所能做的也只有逆来顺受，治理洪水就更无从谈起。所以说西方的洪水神话的本意可以理解为“神用洪水惩罚人的故事”。

我们看到在西方的神话系统中总是喜欢用二元的眼光审视世界，试图用对立的关系把神话中的双方割裂开来。在高扬神的伟大精神的同时，一定要渲染恶魔的无穷力量，两者之间也必然是此消彼长、非此即彼的对立的、斗争的关系。在神与魔、光明与黑暗、正义与邪恶的较量中、神话传递出的是如同后世法官判决一般的肯定或否定。这一点在卡希尔的《符号·神话·文

① 黄晖：《论衡校释（附刘盼遂集解）》卷十五《顺鼓》，北京：中华书局，1990 年，第 688 页。

化》一书中有很好的论述：

> 假如我们按希腊人对神话命名那样把它看作纯粹“叙述性”的东西——即看作英雄或神祇行为中难以忘怀的业绩加以回顾或追述，我们就并没有理解神话的真正价值和全部意义。神话的这个史诗方面并非其唯一方面或决定性方面，神话总是具有一种戏剧性特点。它把世界描绘为一部伟大的戏剧——看作是神圣与恶魔力量之间、光明与黑暗之间、善良与邪恶之间的斗争。在神话思维和想象中，总是存在着一种肯定的作用和否定的作用。”①

正是在这种扬此抑彼的叙述中善与恶的界限被厘清，进而形成一条不可逾越的鸿沟。不可否认西方神话也强调“秩序”，但这种“秩序”与中国神话还是多有不同。让—皮埃尔·韦尔南论述道：

> 在这一体系中，权势和强力的概念才是最基本的。要讲一个故事，通过故事显示出，在一个种种强力、种种权势、种种力量彼此对立、彼此争夺的世界中，在一个既定的时刻，一个比其他人都更强大的君王将把他的权威强加于人。从这一强加出发，世界的秩序变得稳固了。……在整整一系列神的世系之后，在争夺最高统治权的一系列斗争之后，在一个特定时刻，宙斯这位众神中最强有力的神，坐到了王位上。与别的神不同，他的权力不会枯竭，不会削减。他将不会被推翻，他建立的秩序是一种荣誉再分配的秩序。宙斯将分配权力。将会有统治海洋的神，统治地下世界的神，统治天界的神们，最后，还有在地面上统治的神。……
>
> 由此，在这样一种世界观中，一开始是混沌，是无序，从混沌中显露出一种最高的力，他构成了秩序。同样，在这种理性中，参照点是要知道，谁是世界的主人，为什么他的统治不会消失。②

通过韦氏的论述我们可以看出，同样是对秩序的崇拜，中国神话中强调的秩序是先天客观存在的，而希腊神话中的秩序是在诸多不同力量的对抗之后所剩下的一个最强大的权威制定出来的。同样是神力的分配，中国神话中诸神所拥有的或者说所凸显的是不同的“能力”，而希腊神话中则强调的是诸神不同的“权利”。一个彰显的是个体的力量，一个突出的是秩序所赋予

① （德）恩斯特·卡希尔：《符号·神话·文化》，李小兵译，北京：东方出版社，1988 年，第 186 页。
② （法）让—皮埃尔·韦尔南：《神话与政治之间》，余中先译，北京：生活·读书·新知三联书店，2001 年，第 240—241 页。

的力量。在逻辑推理层面上显然希腊神话要走得更远一些，它不光告诉你秩序的存在，还要说明秩序是谁制定的，即谁是世界的主人，同时它还要不厌其烦的论证为什么最高神的统治不会消失。所以一旦进入希腊神话的话语系统，你就会明显地感觉到并非全是荒诞不经的自说自话，而是有着严密的逻辑体系。知道了这一点，关于后来西方基督一神教产生的文明土壤的存在就不会觉得奇怪了。中国神话则不然，不会去花很大的力气去论证最高神存在的可能性和必要性，在秩序存在的层面就戛然而止了。它的潜台词是：他就在那里，不需证而自明。因此，希腊神话是神本位的，而中国神话还是人本位的，这与影响中国两千多年的儒家思想从根源而言是一脉相承的。

三、中西洪水神话文明比较

之所以选取洪水神话作为中西文明比较研究的对象主要基于以下几种考虑：（1）古今中西任何文明的肇始发端都和洪水神话有极其密切的关系。（2）中国社会在三皇五帝时期逐渐由“神治”转为“人治”，帝王往往由一介凡夫因其丰功伟业被推上王位，其中尤为突出者当属大禹。（3）所谓“人治”实为“德治”，主要取决于帝王的德行，因此帝王往往身兼圣人的品格，大禹即是如此。（4）商周嬗递之极，中国进入理性的农业社会，农业文明离不开对江海湖泊的治理，鲧禹治水标志着中国人开始在利用自然的基础上改造自然，象征意义不言而喻。（5）影响中国几千年文明实体的儒家思想所推崇的“德治”思想，以及由凡人—圣人—帝王—神人的人生修习过程在大禹身上得到了完美体现。（6）鲧治水的堰塞拥堵之法和大禹治水的疏浚导引之法对儒家“礼、乐制度”的形成产生重大影响。（7）鲧禹治水神话中“英雄受命、失败被杀、以子代父、神秘天启、变法功成”的故事模式，与西方神话模式颇多相似之处，是做比较研究的最好范本。

探求中国的治水神话和西方的洪水神话的深层文化原因我们就会发现：首先，西方的洪水神话强调的是上帝对人类的惩罚，潜台词是人类带有“原罪”，本着有因必有果、有罪必有罚的原则，上帝对人类的惩罚完全是人类咎由自取、自作自受的结果，接受惩罚是人类的宿命，不可逃避。其次，洪水是上帝所造专为毁灭人类，是灭绝人类的工具和手段，作用是完全负面的，不存在被人类利用进而造福人类的可能。再次，通过神力对罪孽深重的人类完成一次生命洗牌，留下其中极少的一部分作为人种以备再造；这里的潜台词是人类无法通过自身的努力来净化自身、洗涤罪恶，必须假手神力。或者说神不相信人会变好，只能通过这种釜底抽薪的方式将人类与罪恶一起埋葬。上帝所认同的一个前提是：人性本恶，无从改好。然后，在整个洪水神话中，上帝是站在人类的对立面的。知道这个答案就足以让你绝望。最后，在整个洪水神话中自始至终我们看到的是神的影子、神的力量、神的判断、神的情绪，人在其中微小到几乎看不到的地步，只能是认命、顺从、惊怖、感恩。在这里更多的表现的是上帝插手人间事务，人完全是上帝的奴仆，毫无自主性可言。相反中国的治水神话则多有不同。首先，它强调的是一个“治”字，这就把人的力量凸显到了和神相当的地步，否则神创造的洪水又岂是人力所能改变、所能治理？人的尊严和力量被提到了一个极高的位置，“人定可以胜天”。其次，没有交代洪水为天帝所造，洪水产生的原因也不清楚，是为了毁灭人类还是为了考验人类都无从得知，这就给人理解洪水神话以很大的空间，洪水只是一种自然灾害，与神力无关，至少人没有原罪。再次，治水神话中彰显的是人如何战胜私欲（杀父之仇、妻儿牵挂、安逸生活），为了社稷苍生劳苦卓绝、自信不已、自强不息、战胜灾难的拼搏奋斗精神，故事中我们看到的是人性向善的力量；然后，在整个治水神话中，天帝是站在人类这一面的，通过天启大法帮助人类渡过难关。知道这个答案就会让你永怀希望。最后，在治水神话中自始至终我们看到的是人的努力、人的克制、人的勤勉、人的力量，天帝只是作为一个小插曲而出现，还是以正面形象出现，丝毫看不到神的力量，即就是他想干涉人间之事也不会亲自操刀，而要费很大的力量通过神秘天启让圣人或帝王（人间的代管者）帮他完成。也就是说故事表彰的是“人力”而非“神力”。同时可以看到天帝严守规矩，绝不越俎代庖，人间之事由人完成。人是自己的主人，和天帝并无控制与被控制的主仆关系。

中西洪水神话差异的深层原因在于：中国的哲学从一开始就表现为一种“即超越又内在”“即内在即超越”的独特形态，这与西方传统的“超自然或超绝形上学”截然不同。①中国哲学中人神关系体现一种“天地人，一以贯之”的特点。也就是说人人都有“神性”，都具备成圣成神的可能性，即人人都是“因”位上的神，至于最终能否取得神的“果”位，则全在自己的努力。为了号召大家向这个方向努力，所以要竭力的渲染人身上所具有的“神

① 刘梦溪：《中国现代学术经典·方东美卷》，石家庄：河北教育出版社，1996 年，第 7 页。

性”因子，而所谓的神话故事也就是把人身上这些不同凡响、拔乎流俗的特征和功业敷衍夸大一番而成神话，即把人神化、高悬鹄的以垂范世人。与之相反，西方神话系统中人神殊途。神天生为神、人天生为人，两者之间有一条不可逾越的鸿沟。人在现实生活中无论怎么努力也无法跻身神的行列，人所应该做的就是尽其全力体认神的伟大、博得神的喜爱。面对至高无上的神的绝对权威人只有敬畏、服从、赞叹，越是靠近神越发地赶到自身的卑微和渺小，由此产生一种强烈的恐怖感，由恐怖而生“神尊人卑”之感，进而认识到只有通过神力才能摆脱困境。通过对人类无能的渲染，反衬神灵至高无上的威权。神缺乏现实温情的一面，有的只是训诫、威慑、警告。由于陈义太高，神对人性的弱点缺乏温情的理解、欣赏、赞美，人的举措左右失当，都难入神的法眼。长此下去，神界予人类而言将变得更加的冰冷、遥远，对人类现实生活并无裨益。为了避免发生这种情况，拉近神与人之间的距离，所以在神话中就要刻意渲染神身上的“人性”的一面，如易怒、善妒、好色等。把人类的弱点置于神的性格特点中，即“把神人化”。让人类看到伟大、庄严的神和人类自身一样，也有诸多毛病和性格缺点。神不再变得冰冷而遥远，无形中拉近了人与神的距离。人类也就不会因为自身一些万难改变的“人性的弱点”而过分自责。连神都无法避免的弱点，人又何必太在意呢？进一步而言，西方神话系统中神谕人类改正的是一些自身的性格缺点，而非人神共有的“人性的弱点”。

通过对上面对中西洪水神话的比较，我们大致可以得出以下一些看法：

（1）中国神话努力使人看到自身的“伟大”；西方神话尽量让人意识到自我的“渺小”。

（2）中国神话宣传的是“自力成救观”；西方神话强调的是“神力得救观”。

（3）中国神话主要在于感召人类发掘自身“神性”，以期超凡入圣（圣人是神的人间品味，圣人一旦离世将自动进入神的果位），主要的功能在于“劝善”；西方神话主要以神力威慑人类不要犯错，否则将招致无情的惩罚，主要的功能在于“纠错”。

（4）中国神话中的神更像是温情的“教师”，用自身的闪光点“身教”百姓；西方神话中的神更像是严厉的“法官”，用法律条文“约束”百姓。

（5）中国神话着力于彰显精神的描写，不纠缠于逻辑关系和细节描写，追求的是在尽量短的篇幅中传递出最核心的精神力量，影响到后世的诗歌都看重抒情；西方神话着重于讲述故事的书写，注重故事的连贯性、可读性和细节的描写，用尽可能长的篇幅渲染神的伟大，影响到后来的诗歌都注重叙事。

（6）中国神话的最终目的是“以神话施教化”，最终走向“礼乐教化”的“文治”社会；西方神话的最终目的是“以神话训诫喻”，最终走向“法律契约”的“法治”社会。

（7）中国神话传递的是“秩序至上”的法则，而这个秩序指的是自然的秩序、法则；希腊神话传递的是“力量至上”的法则，主要指神的力量。

马克思曾经把人类各民族分为几类：一种是正常的儿童，像古希腊就是正常的儿童；一种是晚熟的儿童，日耳曼人就是晚熟的儿童；还有一类是早熟的儿童，说的就是中华民族。之所以说中华文明早熟原因很简单：就是在别人还在做梦的年龄，中国人早就梦醒了，开始抬头望天、低头看地，并尽量按照天地所启示的自然规律踟蹰前行；在别人还沉浸在梦境与神话的虚幻享受中时，中国人已经开始了严格的、冰冷的史官制度；在别人还在为诸神的事迹著书立说的时候，中国人开始为人立传、为自己立传。而这些传记就是历史。理性战胜了神秘、现实击溃了一切。中国人的目光始终没有停留在玄妙奇幻的诸神世界中，同时我们的目光一刻也没有离开过自身的现实生活。因此，中国神话的根本目的不是“记述神力的强大”，而是“彰显人性的伟大”。